电力行业工程技术丛书

中压电缆全寿命周期典型缺陷图集

国网江苏省电力有限公司技能培训中心 / 组编

王德海　傅洪全 / 主编

電子工業出版社
Publishing House of Electronics Industry
北京 • BEIJING

内容简介

本书主要针对中压电缆规划设计、工程建设、运行维护等环节，就电缆本体及附件、电缆通道构筑物、电缆附属设备设施等方面，以缺陷图集的形式，详细介绍电缆全寿命周期工作中遇到的典型缺陷样例。本书可以为中压电缆运检人员提供技术经验及指导性意见，帮助他们提高业务技能，严把电缆工程各个工作环节质量关，从而保障电缆线路的安全运行。

本书适合电缆运检人员阅读，也可作为相关专业的培训用书。

图书在版编目（CIP）数据

中压电缆全寿命周期典型缺陷图集 / 国网江苏省电力有限公司技能培训中心组编；王德海等主编．—北京：电子工业出版社，2022.12

ISBN 978-7-121-44727-3

Ⅰ．①中…　Ⅱ．①国…　②王…　Ⅲ．①中压电缆—产品生命周期—图集　Ⅳ．① TM247-64

中国版本图书馆 CIP 数据核字（2022）第 244869 号

责任编辑：雷洪勤
印　　刷：天津画中画印刷有限公司
装　　订：天津画中画印刷有限公司
出版发行：电子工业出版社
　　　　　北京市海淀区万寿路 173 信箱　　邮编：100036
开　　本：787×1092　1/16　印张：13.25　字数：339.2 千字
版　　次：2022 年 12 月第 1 版
印　　次：2022 年 12 月第 1 次印刷
定　　价：108.00 元

凡所购买电子工业出版社图书有缺损问题，请向购买书店调换。若书店售缺，请与本社发行部联系，联系及邮购电话：（010）88254888，88258888。

质量投诉请发邮件至 zlts@phei.com.cn，盗版侵权举报请发邮件至 dbqq@phei.com.cn。

本书咨询联系方式：leihq@phei.com.cn。

本书编委会

主　　任：吴　奕

副 主 任：黄建宏　陈　辉

委　　员：查显光　刘利国　傅洪全　徐　滔　陈　曦
李宏博　程力涵　王盈盈

本书编写人员

主　　编：王德海　傅洪全

副 主 编：陈　曦　杨启明　徐　欣　吉　宏

编写人员：杨　明　吴述关　于　阳　展孟周　耿　玲
沈　祺　顾　佳　尤逸飞　陈朝阳　吕宝生
王永强　武永泉　赵　岩　陈家辉　郭玉威
黄泽华　马　骏　杨　昊　韦　军　邵　九
孙壮涛　徐　君　宋晨杰　张　梁　严　阳
陈金辉

前言 PREFACE

随着经济的高速发展，人民生活水平日益提高，人民对环境的要求也越来越高。随着配网改造、三线入地项目的实施，城市的电缆化率越来越高，中压电缆线路长度每年以高于 10% 的速率快速增长。电力电缆从业人员越来越多，提升电力电缆从业人员的技能水平，使其掌握电缆全寿命周期工作重点，是电缆线路安全稳定运行的基本保证。

电力电缆全寿命周期包含电力电缆线路规划、可行性研究、施工图设计、规划设计、电缆及附件生产制作、运输与储存、到货验收、工程建设、试验检测、竣工验收、运行维护、故障检测、故障检修、电缆退运等阶段。本书主要针对中压电缆规划设计、工程建设、运行维护等方面，邀请电缆行业现场专家、生产厂家、培训企业培训师等行业专家，就电缆本体及附件、电缆通道构筑物、电缆附属设备设施等方面，以缺陷图集的形式，详细介绍电缆全寿命周期工作中遇到的典型缺陷样例。典型缺陷样例包含缺陷名称、缺陷描述、缺陷照片、缺陷判定依据、缺陷可能造成的危害、处置建议及示范案例等，让电力电缆从业人员能够更好地掌握相关知识及相关技能，保障电缆线路安全稳定运行。

本书编写组由国网江苏技培中心、国网苏州供电公司、中国能源建设集团江苏省电力设计院有限公司、江苏亨通电力电缆有限公司、江苏亨通叁原电工科技有限公司等行业专家组成。本书图文并茂、通俗易懂，书中采用了大量的电缆生产现场、工程建设、运行维护典型缺陷照片，旨在促进中压电缆从业人员技能水平快速提升和行业标准化的发展。

为了行文方便，如无特殊说明，文中所说的“电缆”均指“电力电缆”。

由于编写时间有限，书中难免存在疏漏之处，恳请各位专家和读者提出宝贵意见，使之不断完善。

编者

2022 年 10 月

目录 CONTENTS

Appendix

第 1 章 电力电缆工程概况

1.1 电力电缆线路的发展现状

电力电缆是用于传输和分配电能的电缆。随着经济的发展，城市的电缆化率逐渐增加，10～35kV 电力电缆线路长度以每年高于 10% 的速率增长。

电力电缆常用于输电线路密集的发电厂和变电站、位于市区的变电站和配电所，用于国际化大都市、现代大中城市的繁华市区、高层建筑区和主要道路，用于建筑面积大、负荷密度高的居民区和城市规划不能通过架空线的街道或地区，用于重要线路和重要负荷用户，用于重要风景名胜区等地方。

电缆线路包括电缆本体、电缆附件、附属设备、附属设施及电缆通道。

- 电缆本体：指除去电缆接头和电缆终端等附件以外的电缆线段部分。
- 电缆附件：电缆终端、电缆接头等电缆线路组成部件的统称。
- 附属设备：避雷器、接地装置、供油装置、在线监测装置等电缆线路附属装置的统称。
- 附属设施：电缆支架、标识标牌、防火设施、防水设施、电缆终端站等电缆线路附属部件的统称。
- 电缆通道：电缆隧道、电缆沟、排管、直埋、电缆桥架、综合管廊等电缆线路的土建设施。

随着电力电缆设备运行与管理要求的不断提高，现有电力电缆运维检修技术手段已经无法满足生产工作的需要，电缆运检人员专业技能水平仍需要不停地提高，同时补充技术经验，以此应对电缆由于服役年限越来越长而引发的一系列问题，从而防患于未然，减少电缆及通道隐患引起的电缆突发性事故。

为提高电力电缆运行检修人员的设备管理水平、强化电力电缆专业检修技能水平、减小电力电缆故障发生率、保障电力电缆通道的健康状态，需要进一步强化电力电缆全寿命周期内各个环节管理措施，以适应高精度、高标准、严要求的电力电缆运维检修工作。

（1）根据公司技能人员岗位能力培训标准，提升电力电缆运检人员对现场施工关键点质量把控能力，规范电力电缆安装运维人员土建及电气验收标准，从而更加贴近现场生产实际。

（2）提高电力电缆精益化管控水平，强化电力电缆运检手段，更好地预防电力电缆运行隐患发生。

（3）强化电力电缆运检人员的安全理念，提升现场安全技能，培养安全防范意识，使运检人员更好地理解安全规范的现场实际应用。

1.2　电力电缆线路的特点

1.2.1　电力电缆线路的优点

（1）占用地面和空间少

这体现了电力电缆线路最突出的优点。例如一个 110kV 普通变电站常常有二三十条 10kV 出线，如果全部采用架空线路出线，为了安全与检修方便就不能过多地进行同杆架设，这样多的架空线路占地简直超乎想象，也是不易实现的。为了少占地，变电站设备一般都采用 GIS 设备，变电站外楼房林立，根本没有架空线路走廊，如果采用电缆线路，只需建设一条 2m × 2m 的隧道或者排管就能将全部出线容纳。又如机场、港口等无法用架空线路的地方，只能用电缆来供电，因而电缆被广泛使用。

（2）供电安全可靠

架空线路易受强风、暴雨、雪、雷电、污秽、交通事故、放风筝、外力损坏和鸟害等自然或人为的外界因素影响，造成断线、短路、接地而停电或其他故障。而电缆线路除露出地面暴露于大气中的户外终端部分外，不会受到自然环境的影响，外力破坏亦可减小到较低的程度，因此电缆线路供电的可靠性高。

（3）触电可能性小

当人们在架空线路附近或下面进行放风筝、钓鱼或起重作业时，有可能触及导体而触电，而电缆的绝缘层和保护层使得人们即使触及了电缆也不会触电。架空导线断线时常常会引发人畜触电伤亡事故，而电缆线路埋于地下，无论发生何种故障，由于带电部分在接地屏蔽部分和大地内，造成人畜触电的可能性小，所以比较安全。

（4）有利于提高电力系统的功率因数

架空线路相当于单根导体，其电容量很小（可忽略不计），呈感性电路的特征，远距离送电后，功率因数明显下降，需采取并联电容器组等措施来提高功率因数。而电缆的结构相当于一个电容器，如一条长 1km 的 10kV 三芯（240mm^2）电缆，其电容量达 0.58μF，相当于一台 31kVar 的电容器组，因此电缆线路整体特征呈容性，有较大的无功输出，改善了系统的功率因数，提高了线路输送容量，降低了线路损耗。

（5）运行、维护工作简单方便

电缆线路在地下，维护工作量小，故一般情况（充油电缆线路除外）只需定期进行路面观察、路径巡视（防止外力损坏）及 2 ～ 3 年做一次预防性试验即可；而架空线路易受外界因素的影响，为保证安全、可靠地供电，必须经常做维护和试验工作。

（6）有利于美化城市

架空线路影响城市的美观，而电缆线路埋于地下，不影响街道整齐美观。

1.2.2 电力电缆线路的缺点

（1）一次性投资费用大

在导线截面积相同的情况下，电缆的输送容量比架空线路小。例如，采用成本最低的直埋方式安装一条 35kV 电缆线路，其综合投资费用为相同输送容量架空线路的 4 ～ 7 倍；如果采用隧道或排管敷设方式，则综合投资在 10 倍以上。

（2）线路不易变更

电缆线路在地下，一般是固定的，所以线路变更的工作量大，费用高。因电缆绝缘层的特殊性，搬迁将影响电缆的使用寿命，故安装后不宜再搬迁。

（3）线路不易分支

一条供电线路往往需要接上很多用户，在架空线路上可通过分支线夹或绑扎连接进行分支，再接到用户。然而，要进行电缆线路的分支，必须建造特定的保护设施，采用专用的分支中间接头进行分支，或者在特定的地点采用电缆分接箱并制作电缆终端进行分支。

（4）故障测寻困难、修复时间长

架空线路发生故障时，通过直接观察一般都能找到故障点，并且在较短时间内即可修复。而电缆线路在地下，故障点是无法直接看到的，必须使用专用仪器进行粗测（测距）、定点，并且有一定专业技术水平的人员才能测得准确，比较费时。而且找到故障点后还要挖出电缆，做接头并进行试验，一般修复时间比较长。对于敷设于隧道、电缆沟中的电缆，虽然可以直接看到故障点，但重新敷设电缆、做接头和试验的时间也是比较长的。

（5）电缆附件的制作工艺要求高、费用高

电缆导电部分对地距离和相间距离都很小，因此对绝缘性的要求就很高。同时，为了使电缆的绝缘部分能长期使用，故又须对绝缘部分加以密封保护，对电缆附件也必须进行密封保护，为此电缆的接头制作工艺要求高，接头必须由经过严格技术培训的专业人员进行制作，以保证电缆线路的绝缘性和密封保护的要求。

1.3　电力电缆线路主要规程规范

1.3.1　电力电缆及附件设计阶段标准

电力电缆及附件设计阶段标准是电力电缆及附件在设计阶段应执行的技术规范、技术条件类标准，包括设备性能参数、设计规范两大类。电力电缆及附件设计阶段标准共 18 项，如表 1-1 所示。

表 1-1　电力电缆及附件设计阶段标准清单

序号	标准编号	标准名称	标准分类	适用场合
1	JB/T 11167.1—2011	额定电压 10kV（U_m=12kV）至 110kV（U_m=126kV）交联聚乙烯绝缘大长度交流海底电缆及附件第 1 部分：试验方法和要求	性能参数	本标准适用于额定电压 10kV（U_m=12kV）至 110kV（U_m=126kV）交联聚乙烯绝缘大长度交流海底电缆及附件的形式试验 / 出厂试验项目及要求等
2	JB/T 11167.2—2011	额定电压 10kV（U_m=12kV）至 110kV（U_m=126kV）交联聚乙烯绝缘大长度交流海底电缆及附件第 2 部分：额定电压 10kV（U_m=12kV）至 110kV（U_m=126kV）交联聚乙烯绝缘大长度交流海底电缆	性能参数	本标准适用于额定电压 10kV（U_m=12kV）至 110kV（U_m=126kV）交联聚乙烯绝缘大长度交流海底电缆本体的额定参数值、设计与结构。没有相应的标准时，本标准可以整体或部分适用
3	JB/T 11167.3—2011	额定电压 10kV（U_m=12kV）至 110kV（U_m=126kV）交联聚乙烯绝缘大长度交流海底电缆及附件第 3 部分：额定电压 10kV（U_m=12kV）至 110kV（U_m=126kV）交联聚乙烯绝缘大长度交流海底电缆附件	性能参数	本标准适用于额定电压 10kV（U_m=12kV）至 110kV（U_m=126kV）交联聚乙烯绝缘大长度交流海底电缆附件设备额定参数值、设计与结构。没有相应的标准时，本标准可以整体或部分适用

续表

序号	标准编号	标准名称	标准分类	适用场合
4	Q/GDW 371—2009	10（6）kV ～ 500kV 电缆技术标准	性能参数	本标准规定了 10（6）kV～500kV 电缆本体及附属设备的功能设计、结构、性能和试验方面的技术要求
5	GB 50217—2018	电力工程电缆设计标准	设计规范	本标准适用于发电、输变电、配用电等新建、扩建、改建的电力工程中 500kV 及以下电力电缆和控制电缆的选择与敷设设计
6	GB/T 51190—2016	海底电力电缆输电工程设计规范	设计规范	本标准适用于海底电缆新建、扩建、改建等工程中电缆线路的选择与敷设设计
7	DL/T 5221—2016	城市电力电缆线路设计技术规定	设计规范	本标准适用于我国交流 220kV 及以下城市电力电缆线路的主要设计技术
8	DL/T 5484—2013	电力电缆隧道设计规程	设计规范	本标准适用于新建电力电缆隧道工程
9	GB/T 50065—2012	交流电气装置的接地设计规范	设计规范	本标准适用于新建电缆工程中交流电气装置的设计
10	Q/GDW 166.3—2010	国家电网公司输变电工程初步设计内容深度规定 第 3 部分：电力电缆线路	设计规范	本标准规定了输变电工程初步设计内容深度
11	Q/GDW 381.2—2010	国家电网公司输变电工程施工图设计内容深度规定第 2 部分：电力电缆线路	设计规范	本标准规定了输变电工程施工图内容深度
12	Q/GDW 1864—2012	电缆通道设计导则	设计规范	本标准适用于国家电网公司 10kV～500kV 城市电力电缆通道建设
13	SZDB/Z 174—2016	市政电缆隧道消防与安全防范系统设计规范	设计规范	本标准适用于市政电缆隧道消防与安全防范系统设计

续表

序号	标准编号	标准名称	标准分类	适用场合
14	DL/T 5405—2008	城市电力电缆线路初步设计内容深度规程	设计规范	本标准规定了城市电力电缆线路初步设计内容深度
15	DL/T 5514—2016	城市电力电缆线路施工图设计文件内容深度规定	设计规范	本标准规定了城市电力电缆线路施工图内容深度
16	DL/T 1721—2017	电力电缆线路沿线土壤热阻系数测量方法	设计规范	本标准适用于电力电缆线路沿线土壤热阻系数测量
17	Q/GDW 11187—2014	明挖电缆隧道设计导则	设计规范	本标准适用于新建的明挖电缆隧道工程，对已投运明挖电缆隧道工程的改造和扩建项目，可根据具体情况和运行经验参照本标准执行
18	Q/GDW 11186—2014	暗挖电缆隧道设计导则	设计规范	本标准适用于新建的暗挖电缆隧道工程，对已投运暗挖电缆隧道工程的改造和扩建项目，可根据具体情况和运行经验参照本标准执行

1.3.2 电力电缆及附件建设阶段标准

电力电缆及附件建设阶段标准是指电缆及附件在建设阶段应执行的技术标准。电缆及附件建设阶段标准包括以下分类：本体结构类、出厂试验类、安装施工类、交接试验类、通道及附属设施类、质量监督类。电力电缆及附件建设阶段标准共 115 项，标准清单如表 1-2 所示。

表 1-2　电力电缆及附件建设阶段标准清单

序号	标准编号	标准名称	标准分类
1	GB/T 3956—2008	电缆的导体	本体结构
2	GB/T 2952.1—2008	电缆外护层第 1 部分：总则	本体结构
3	GB/T 2952.3—2008	电缆外护层第 3 部分：非金属套电缆通用外护层	本体结构

续表

序号	标准编号	标准名称	标准分类
4	GB 7594.1—1987	电线电缆橡皮绝缘和橡皮护套第 1 部分：一般规定	本体结构
5	GB/T 2952.2—2008	电缆外护层第 2 部分：金属套电缆外护层	本体结构
6	GB/T 14315—2008	电力电缆导体用压接型铜、铝接线端子和连接管	本体结构
7	JB/T 5268.1—2011	电缆金属套第 1 部分：总则	本体结构
8	JB/T 5268.2—2011	电缆金属套第 2 部分：铅套	本体结构
9	GB/T 32129—2015	电线电缆用无卤低烟阻燃电缆料	本体结构
10	GB/T 11091—2005	电缆用铜带	本体结构
11	JB/T 10437—2004	电线电缆用可交联聚乙烯绝缘料	本体结构
12	JB/T 11131—2011	电线电缆用聚全氟乙丙烯树脂	本体结构
13	DL/T 401—2002	高压电缆选用导则	本体结构
14	GB/T 19666—2005	阻燃和耐火电线电缆通则	本体结构
15	GA 535—2005	阻燃及耐火电缆阻燃橡皮绝缘电缆分级和要求	本体结构
16	GB/T 17651.1—1998	电缆或光缆在特定条件下燃烧的烟密度测定第 1 部分：试验装置	出厂试验
17	GA 306.2—2007	阻燃及耐火电缆塑料绝缘阻燃及耐火电缆分级和要求第 2 部分：耐火电缆	出厂试验
18	GB/T 17651.2—1998	电缆或光缆在特定条件下燃烧的烟密度测定第 2 部分：试验步骤和要求	出厂试验
19	GA/T 716—2007	电缆或光缆在受火条件下的火焰传播及热释放和产烟特性的试验方法	出厂试验
20	GB/T 2951.11—2008	电缆和光缆绝缘和护套材料通用试验方法第 11 部分：通用试验方法——厚度和外形尺寸测量——机械性能试验	出厂试验
21	GB/T 2951.12—2008	电缆和光缆绝缘和护套材料通用试验方法第 12 部分：通用试验方法——热老化试验方法	出厂试验

续表

序号	标准编号	标准名称	标准分类
22	GB/T 2951.13—2008	电缆和光缆绝缘和护套材料通用试验方法第13部分：通用试验方法——密度测定方法——吸水试验——收缩试验	出厂试验
23	GB/T 2951.14—2008	电缆和光缆绝缘和护套材料通用试验方法第14部分：通用试验方法——低温试验	出厂试验
24	GB/T 2951.21—2008	电缆和光缆绝缘和护套材料通用试验方法第21部分：弹性体混合料专用试验方法——耐臭氧试验——热延伸试验——浸矿物油试验	出厂试验
25	GB/T 2951.31—2008	电缆和光缆绝缘和护套材料通用试验方法第31部分：聚氯乙烯混合料专用试验方法——高温压力试验——抗开裂试验	出厂试验
26	GB/T 2951.32—2008	电缆和光缆绝缘和护套材料通用试验方法第32部分：聚氯乙烯混合料专用试验方法——失重试验——热稳定性试验	出厂试验
27	GB/T 2951.41—2008	电缆和光缆绝缘和护套材料通用试验方法第41部分：聚乙烯和聚丙烯混合料专用试验方法——耐环境应力开裂试验——熔体指数测量方法——直接燃烧法测量聚乙烯中碳黑和（或）矿物质填料含量——热重分析法（TGA）测量碳黑含量——显微镜法评估聚乙烯中碳黑分散度	出厂试验
28	GB/T 2951.42—2008	电缆和光缆绝缘和护套材料通用试验方法第42部分：聚乙烯和聚丙烯混合料专用试验方法——高温处理后抗张强度和断裂伸长率试验——高温处理后卷绕试验空气热老化后的卷绕试验——测定质量的增加——长期热稳定性试验——铜催化氧化降解试验方法	出厂试验
29	GB/T 2951.51—2008	电缆和光缆绝缘和护套材料通用试验方法第51部分：填充膏专用试验方法——滴点——油分离——低温脆性——总酸值——腐蚀性——23℃时的介电常数——23℃和100℃时的直流电阻率	出厂试验
30	GB/T 3048.1—2007	电线电缆电性能试验方法第1部分：总则	出厂试验

续表

序号	标准编号	标准名称	标准分类
31	GB/T 3048.14—2007	电线电缆电性能试验方法第 14 部分：直流电压试验	出厂试验
32	GB/T 3048.16—2007	电线电缆电性能试验方法第 16 部分：表面电阻试验	出厂试验
33	GB/T 3048.2—2007	电线电缆电性能试验方法第 2 部分：金属材料电阻率试验	出厂试验
34	GB/T 3048.3—2007	电线电缆电性能试验方法第 3 部分：半导电橡塑材料体积电阻率试验	出厂试验
35	GB/T 3048.4—2007	电线电缆电性能试验方法第 4 部分：导体直流电阻试验	出厂试验
36	GB/T 3048.5—2007	电线电缆电性能试验方法第 5 部分：绝缘电阻试验	出厂试验
37	GB/T 3048.7—2007	电线电缆电性能试验方法第 7 部分：耐电痕试验	出厂试验
38	GB/T 3048.8—2007	电线电缆电性能试验方法第 8 部分：交流电压试验	出厂试验
39	GB/T 3048.9—2007	电线电缆电性能试验方法第 9 部分：绝缘线芯火花试验	出厂试验
40	GB/T 3048.10—2007	电线电缆电性能试验方法第 10 部分：挤出护套火花试验	出厂试验
41	GB/T 3048.11—2007	电线电缆电性能试验方法第 11 部分：介质损耗角正切试验	出厂试验
42	GB/T 3048.12—2007	电线电缆电性能试验方法第 12 部分：局部放电试验	出厂试验
43	GB/T 3048.13—2007	电线电缆电性能试验方法第 13 部分：冲击电压试验	出厂试验
44	GB/T 3333—1999	电缆纸工频击穿电压试验方法	出厂试验
45	GB/T 12666.1—2008	单根电线电缆燃烧试验方法第 1 部分：垂直燃烧试验	出厂试验
46	GB/T 12666.2—2008	单根电线电缆燃烧试验方法第 2 部分：水平燃烧试验	出厂试验

续表

序号	标准编号	标准名称	标准分类
47	GB/T 12666.3—2008	单根电线电缆燃烧试验方法第 3 部分：倾斜燃烧试验	出厂试验
48	GB/T 18380.11—2022	电缆和光缆在火焰条件下的燃烧试验第 11 部分：单根绝缘电线电缆火焰垂直蔓延试验 试验装置	出厂试验
49	GB/T 18380.12—2022	电缆和光缆在火焰条件下的燃烧试验第 12 部分：单根绝缘电线电缆火焰垂直蔓延试验 1kW 预混合型火焰试验方法	出厂试验
50	GB/T 18380.13—2022	电缆和光缆在火焰条件下的燃烧试验第 13 部分：单根绝缘电线电缆火焰垂直蔓延试验 测定燃烧的滴落（物）/ 微粒的试验方法	出厂试验
51	GB/T 18380.21—2022	电缆和光缆在火焰条件下的燃烧试验第 21 部分：单根绝缘细电线电缆火焰垂直蔓延试验 试验装置	出厂试验
52	GB/T 18380.22—2022	电缆和光缆在火焰条件下的燃烧试验第 22 部分：单根绝缘细电线电缆火焰垂直蔓延试验扩散型火焰 试验方法	出厂试验
53	GB/T 18380.31—2022	电缆和光缆在火焰条件下的燃烧试验第 31 部分：垂直安装的成束电线电缆火焰垂直蔓延试验 试验装置	出厂试验
54	GB/T 18380.32—2022	电缆和光缆在火焰条件下的燃烧试验第 32 部分：垂直安装的成束电线电缆火焰垂直蔓延试验 AF/R 类	出厂试验
55	GB/T 18380.33—2022	电缆和光缆在火焰条件下的燃烧试验第 33 部分：垂直安装的成束电线电缆火焰垂直蔓延试验 A 类	出厂试验
56	GB/T 18380.34—2022	电缆和光缆在火焰条件下的燃烧试验第 34 部分：垂直安装的成束电线电缆火焰垂直蔓延试验 B 类	出厂试验
57	GB/T 18380.35—2022	电缆和光缆在火焰条件下的燃烧试验第 35 部分：垂直安装的成束电线电缆火焰垂直蔓延试验 C 类	出厂试验

续表

序号	标准编号	标准名称	标准分类
58	GB/T 18380.36—2022	电缆和光缆在火焰条件下的燃烧试验第 36 部分：垂直安装的成束电线电缆火焰垂直蔓延试验　D 类	出厂试验
59	JB/T 10696.1—2007	电线电缆机械和理化性能试验方法第 1 部分：一般规定	出厂试验
60	JB/T 10696.2—2007	电线电缆机械和理化性能试验方法第 2 部分：软电线和软电缆曲挠试验	出厂试验
61	JB/T 10696.3—2007	电线电缆机械和理化性能试验方法第 3 部分：弯曲试验	出厂试验
62	JB/T 10696.4—2007	电线电缆机械和理化性能试验方法第 4 部分：外护层环烷酸铜含量试验	出厂试验
63	JB/T 10696.5—2007	电线电缆机械和理化性能试验方法第 5 部分：腐蚀扩展试验	出厂试验
64	JB/T 10696.6—2007	电线电缆机械和理化性能试验方法第 6 部分：挤出外套刮磨试验	出厂试验
65	JB/T 10696.7—2007	电线电缆机械和理化性能试验方法第 7 部分：抗撕试验	出厂试验
66	JB/T 10696.8—2007	电线电缆机械和理化性能试验方法第 8 部分：氧化诱导期试验	出厂试验
67	JB/T 10696.9—2011	电线电缆机械和理化性能试验方法第 9 部分：白蚁试验	出厂试验
68	JB/T 10696.10—2011	电线电缆机械和理化性能试验方法第 10 部分：大鼠啃咬试验	出厂试验
69	IEC 62067:2011	额定电压在 150kV（U_m=170kV）至 500kV（U_m=550kV）的伸出绝缘体和附件的功率电缆——试验方法和要求	出厂试验
70	GA 306.1—2007	阻燃及耐火电缆 塑料绝缘阻燃及耐火电缆分级和要求第 1 部分：阻燃电缆	出厂试验
71	GB/T 26171—2010	电线电缆专用设备检测方法	安装施工

续表

序号	标准编号	标准名称	标准分类
72	DL/T 5707—2014	电力工程电缆防火封堵施工工艺导则	安装施工
73	JB/T 7601.11—2008	电线电缆专用设备基本技术要求第 11 部分：外观质量	安装施工
74	JB/T 7601.10—2008	电线电缆专用设备基本技术要求第 10 部分：电气控制装置	安装施工
75	JB/T 7601.9—2008	电线电缆专用设备基本技术要求第 9 部分：装配	安装施工
76	JB/T 7601.8—2008	电线电缆专用设备基本技术要求第 8 部分：表面处理	安装施工
77	JB/T 7601.7—2008	电线电缆专用设备基本技术要求第 7 部分：热处理	安装施工
78	JB/T 7601.6—2008	电线电缆专用设备基本技术要求第 6 部分：机械加工	安装施工
79	JB/T 7601.5—2008	电线电缆专用设备基本技术要求第 5 部分：锻件	安装施工
80	JB/T 7601.4—2008	电线电缆专用设备基本技术要求第 4 部分：焊接件	安装施工
81	JB/T 7601.3—2008	电线电缆专用设备基本技术要求第 3 部分：铸件	安装施工
82	JB/T 7601.2—2008	电线电缆专用设备基本技术要求第 2 部分：检验和验收	安装施工
83	JB/T 7601.1—2008	电线电缆专用设备基本技术要求第 1 部分：一般规定	安装施工
84	GB/T 28567—2012	电线电缆专用设备技术要求	安装施工
85	Q/GDW 11328—2014	非开挖电力电缆穿管敷设工艺导则	安装施工
86	GB 2900.40—1985	电工名词术语电线电缆专用设备	安装施工
87	GB/T 2900.10—2013	电工术语电缆	安装施工
88	DL/T 1301—2013	海底充油电缆直流耐压试验导则	交接试验

续表

序号	标准编号	标准名称	标准分类
89	Q/GDW 11316—2014	电力电缆线路试验规程	交接试验
90	QB/T 2479—2005	埋地式高压电力电缆用氯化聚氯乙烯（PVC-C）套管	通道及附属设施
91	GB/T 20041.1—2015	电缆管理用导管系统第 1 部分：通用要求	通道及附属设施
92	GB 20041.22—2009	电缆管理用导管系统第 22 部分：可弯曲导管系统的特殊要求	通道及附属设施
93	GB 20041.23—2009	电缆管理用导管系统第 23 部分：柔性导管系统的特殊要求	通道及附属设施
94	GB 20041.24—2009	电缆管理用导管系统第 24 部分：埋入地下的导管系统的特殊要求	通道及附属设施
95	GB/T 28509—2012	绝缘外径在 1mm 以下的极细同轴电缆及组件	通道及附属设施
96	GB 28374—2012	电缆防火涂料	通道及附属设施
97	GA 478—2004	电缆用阻燃包带	通道及附属设施
98	GB 29415—2013	耐火电缆槽盒	通道及附属设施
99	Q/GDW 11381—2015	电缆保护管选型原则和检测技术规范	通道及附属设施
100	GB/T 14316—2008	间距 1.27mm 绝缘刺破型端接式聚氯乙烯绝缘带状电缆	通道及附属设施
101	DL/T 802.4—2007	电力电缆用导管技术条件第 4 部分：氯化聚氯乙烯及硬聚氯乙烯塑料双壁波纹电缆导管	通道及附属设施
102	DL/T 802.3—2007	电力电缆用导管技术条件第 3 部分：氯化聚氯乙烯及硬聚氯乙烯塑料电缆导管	通道及附属设施

续表

序号	标准编号	标准名称	标准分类
103	DL/T 802.2—2007	电力电缆用导管技术条件第 2 部分：玻璃纤维增强塑料电缆导管	通道及附属设施
104	DL/T 802.1—2007	电力电缆用导管技术条件第 1 部分：总则	通道及附属设施
105	GB/T 23639—2009	节能耐腐蚀钢制电缆桥架	通道及附属设施
106	QB/T 1453—2003	电缆桥架	通道及附属设施
107	DL/T 802.8—2014	电力电缆用导管技术条件第 8 部分：埋地用改性聚丙烯塑料单壁波纹电缆导管	通道及附属设施
108	DL/T 802.7—2010	电力电缆用导管技术条件第 7 部分：非开挖用改性聚丙烯塑料电缆导管	通道及附属设施
109	DL/T 802.6—2007	电力电缆用导管技术条件第 6 部分：承插式混凝土预制电缆导管	通道及附属设施
110	DL/T 802.5—2007	电力电缆用导管技术条件第 5 部分：纤维水泥电缆导管	通道及附属设施
111	T/CECS 31—2017	钢制电缆桥架工程技术规程	通道及附属设施
112	GB 50168—2018	电气装置安装工程电缆线路施工及验收规范	质量监督
113	GB/T 51191—2016	海底电力电缆输电工程施工及验收规范	质量监督
114	DL/T 5161.5—2018	电气装置安装工程质量检验及评定规程第 5 部分：电缆线路施工质量检验	质量监督
115	运检二〔2017〕104 号	国网运检部关于印发高压电缆及通道工程生产准备及验收工作指导意见的通知	质量监督

1.3.3 电力电缆及附件运维阶段标准

电力电缆及附件运维阶段标准是电缆及附件在运维阶段应执行的技术标准。电力电缆及附件运维阶段标准包括以下分类：现场试验类、运维检修类、状态评价类。电力电缆及附件运维阶段标准共 26 项，标准清单详见表 1-3。

表 1-3　电力电缆及附件运维阶段标准清单

序号	标准编号	标准名称	标准分类	适用场合
1	Q/GDW 11400—2015	电力设备高频局部放电带电测试技术现场应用导则	现场试验	本标准规定了电力设备高频局部放电带电检测技术的检测原理、仪器要求、检测要求、检测方法及结果分析的规范性要求
2	Q/GDW 11224—2014	电力电缆局部放电带电检测设备技术规范	现场试验	本标准适用于在 10（6）kV 及以上交流电力电缆上使用的便携式局部放电带电检测设备，其检测方式为线路运行状态下的短时间检测，不包含长期连续工作的在线监测系统
3	DL/T 849.1—2004	电力设备专用测试仪器通用技术条件第 1 部分：电缆故障闪测仪	现场试验	本标准适用于电缆故障闪测仪的生产制造、检验及验收等
4	DL/T 849.2—2004	电力设备专用测试仪器通用技术条件第 2 部分：电缆故障定点仪	现场试验	本标准适用于电缆故障定点仪的生产制造、检验及验收等
5	DL/T 849.3—2004	电力设备专用测试仪器通用技术条件第 3 部分：电缆路径仪	现场试验	本标准适用于电缆路径仪的生产制造、检验及验收等
6	Q/GDW 1512—2014	电力电缆及通道运维规程	运维检修	本标准规定了国家电网公司所辖电力电缆本体、附件、附属设备、附属设施及通道的验收、巡视检查、安全防护、状态评价、维护等要求
7	DL/T 1148—2009	电力电缆线路巡检系统	运维检修	本标准适用于 35kV 及以上电力电缆线路巡检系统的设计、建设、验收和应用
8	DL/T 1278—2013	海底电力电缆运行规程	运维检修	本标准适用于 10kV 及以上交流海缆、光纤复合海缆。直流海缆可参照执行

续表

序号	标准编号	标准名称	标准分类	适用场合
9	国网（运检 3）300—2014	国家电网公司运检装备配置使用管理规定	运维检修	本规定适用于公司总（分）部、各单位及所属各级单位（含全资、控股、代管单位）运检装备配置使用管理工作
10	Q/GDW 455—2010	电缆线路状态检修导则	运维检修	本标准适用于国家电网公司电压等级为 10（6）kV ~ 500kV 的电缆线路设备，其他电压等级设备由各网省公司参照执行
11	Q/GDW 11262—2014	电力电缆及通道检修规程	运维检修	本标准适用于国家电网公司所属各省（区、市）公司 500kV 及以下电压等级电力电缆及通道检修工作
12	Q/GDW 1168—2013	输变电设备状态检修试验规程	运维检修	本标准规定了交流、直流电网中各类高压电气设备巡检、检查和试验的项目、周期和技术要求，用以判断设备是否符合运行条件，保证安全运行。本标准适用于国家电网公司电压等级为 750kV 及以下交直流输变电设备
13	国家电网运检［2016］1152 号	国家电网公司关于印发高压电缆专业管理规定的通知	运维检修	本规定适用于公司系统 110（66）kV 及以上电压等级电力电缆专业管理
14	国网（运检 4）307—2014	国家电网公司电缆及通道运维管理规定	运维检修	本规定适用于公司总（分）部及所属各级单位（含全资、控股单位）电缆及通道运维管理工作
15	运检二［2017］105 号	国网运检部关于加强隧道内电缆本体及环境监测装置管理工作的通知	状态评价	本原则适用于电缆隧道、城市综合管廊电力舱内的 110（66）kV 及以上电压等级电缆及隧道的环境监测设备配置管理

续表

序号	标准编号	标准名称	标准分类	适用场合
16	Q/GDW 11455—2015	电力电缆及通道在线监测装置技术规范	状态评价	本标准规定了电力电缆及通道局部放电、接地电流、温度及通道水位、气体、井盖、视频监测装置的技术要求、试验项目及标准、检验方法及规则、安装调试及验收、标志及包装储运要求等。本标准适用于国家电网公司所属各单位的电缆线路及通道在线监测装置，其他电缆线路及通道在线监测装置可参照执行
17	T/CEC 121—2016	高压电缆接头内置式导体测温装置技术规范	状态评价	本标准适用于 110（66）kV ~ 220kV 高压电缆接头内置式导体测温装置
18	Q/GDW 1814—2013	电力电缆线路分布式光纤测温系统技术规范	状态评价	本标准适用于安装在单芯电力电缆线路上的分布式光纤测温系统。应用于三芯电力电缆线路上的分布式光纤测温系统可参照本标准执行
19	Q/GDW 11641—2015	高压电缆及通道在线监测系统技术导则	状态评价	本标准规定了高压电缆及通道在线监测系统的建设与配置原则、技术要求、系统构架、数据接入、通信要求、信息安全防护要求、系统的安装和验收的要求。本标准适用于国家电网公司所属各单位的 110（66）kV 及以上高压电缆及通道在线监测系统
20	DL/T 1506—2016	高压交流电缆在线监测系统通用技术规范	状态评价	本标准规定了高压交流在线监测系统的功能、结构、工作条件、技术要求、试验及要求、标志、包装、运输和贮存。本标准适用于 110（66）kV 及以上高压交流交联聚乙烯电缆的在线监测系统，电缆通道环境等其他在线监测系统可参照执行

续表

序号	标准编号	标准名称	标准分类	适用场合
21	DL/T 1573—2016	电力电缆分布式光纤测温系统技术规范	状态评价	本标准适用于安装在单芯电力电缆线路上的光纤测温系统。其他应用方式可参照本标准执行
22	DL/T 1636—2016	电缆隧道机器人巡检技术导则	状态评价	本标准规定了采用机器人对电缆隧道进行巡检的技术原则，主要包括巡检系统、巡检作业要求、巡检方式、巡检内容和巡检资料整理。 本标准适用于电缆隧道机器人巡检作业
23	Q/GDW 456—2010	电缆线路状态评价导则	状态评价	本标准规定了运行中电缆线路设备状态评价的资料、评价要求、评价方法及评价结果。 本标准适用于国家电网公司电压等级为 10（6）kV ～ 500kV 的电缆线路设备，其余电压等级电缆线路设备可参照执行
24	Q/GDW 11223—2014	高压电缆状态检测技术规范	状态评价	本标准适用于 35kV ～ 500kV 交流电缆线路（包括站内联络电缆）状态检测工作
25	Q/GDW 11235—2014	电力电缆故障测寻车技术规范	状态评价	本标准适用于电力电缆故障测寻的专用车辆
26	运检二〔2018〕104 号	国网运检部关于印发高压电缆及通道防火治理实施细则的通知	状态评价	本细则适用于公司系统 110（66）kV 及以上电缆及通道防火治理工作

第 2 章 电力电缆工程设计

2.1 电力电缆工程设计概述

电力电缆的设计应遵循三个原则：统一规划、安全适用和经济合理。

（1）统一规划

电力电缆主要在城市区域建设，需要占用宝贵的地下空间资源。电力电缆的设计应与城市总体规划相结合，与各种管线和其他市政设施统一安排，且应征得城市规划部门认可。

（2）安全适用

电缆工程属于地下工程范畴，地下工程建设具有安全风险，电缆工程又具有线状特征，所以工程所属周边环境复杂多变。同时电缆本体对运行环境要求高，所以设计时应充分考虑使用功能要求和安全可靠性要求。

（3）经济合理

由于电缆工程投资巨大，电缆工程设计应综合考虑路径长度、敷设规模、周边环境、水文地质条件等因素，统筹兼顾，确定合理的构筑物形式及施工工法，做到经济合理。供敷设电缆用的土建设施宜符合电网终期规划并预留适当裕度一次建成。

电缆工程的设计内容包括平纵断面、电缆本体、附件与相关的建（构）筑物、排水、消防和火灾报警系统等。

2.2 电力电缆规划设计

2.2.1 电缆路径设计

电缆路径选择是电缆工程建设的第一环节，这一阶段的工作确定了电缆路径走向、电缆敷设方式、电缆构筑物的断面。

在城市建设地下电缆线路工程时，其安全风险、环境风险、政策处理工作风险较高。电缆路径设计流程包含以下 7 个步骤：

（1）确定路径起止点，结合条件及城市规划要求初步选择多条路径方案。

（2）对初步选定的路径方案进行实地勘查，主要调查路径沿线的建（构）筑物、交通条件及主要管线情况。

（3）调查初选方案路径的水文地质情况，主要以资料搜集和初步勘探为主。

（4）调查初选方案路径的地下管线情况，以资料搜集为主，必要时进行现场勘探。

（5）综合分析调查情况和工程建设需求，初步确定推荐的电缆路径，主要从工程建设难度、工程建设风险、工程建设周期及工程投资等方面进行多方位比选，并取得工程建设单位的认可。

（6）向政府规划部门进行路径方案报批。

（7）根据规划部门认可的电缆路径方案，进一步征求相关部门的意见。

在设计电缆路径时，除城市规划设施、沿途地上和地下障碍物外，地下各种管线也是电缆路径确定的最大障碍。各种管线对电缆构筑物要求的防护间距不同，其不确定性大，应高度重视。确定管线信息的主要工作流程如下。

（1）向城市规划部门申请路径沿线管线资料。

（2）现场勘查，初步核实重要管线分布情况。

（3）由管线勘测单位进行沿途管线实测。

（4）召集管线产权单位进行管线交底和协作。

（5）施工前施工单位现场挖掘探槽，进一步核实明确管线信息。

2.2.2 电缆构筑物平面、纵断面设计

电缆构筑物平面设计就是在已有电缆路径的基础上进行细化，根据不同电缆构筑物尺寸、施工工艺要求，并结合地下管线、建（构）筑物的防护要求，确定合理的构筑物定位坐标。电缆构筑物纵断面设计主要考虑在竖向避让平面交叉的地下构筑物，并满足电缆构筑物结构安全、排水、电缆敷设及运维检修的相关需求。

1. 电缆构筑物平面设计

电缆构筑物平面设计应遵循以下原则：

- 电缆构筑物应根据电缆路径设计、拟建区域先期物探结果、沿线规划或现有建（构）筑物分布情况、拟穿越河道或毗邻水系情况等因素，合理布置平面走向，以满足避让安全距离。当平面位置不具备安全避让条件时，应采取有效措施对周边环境进行保护。
- 构筑物宜沿现有或规划道路走线，在道路下方的规划位置，宜布置在人行道、非机动车道及绿化带下方，构筑物平面线形的转折角必须符合电缆平面弯折半径的要求。
- 电缆构筑物穿越城市道路、铁路、轨道交通、公路时，宜垂直穿越；受条件限制时可斜向穿越，最小交叉角不宜小于 60°。

电缆构筑物平面设计内容应包括并不局限于以下内容：

- 电缆路径所在区域的六线图、现状地形图；
- 比例尺、定位坐标；
- 电缆构筑物中心线、外边线；
- 电缆构筑物桩位系统；
- 影响电缆构筑物走势的现状、规划管线等。

2. 电缆构筑物纵断面设计

电缆构筑物纵断面设计应遵循以下原则：

- 构筑物的埋深应满足自身抗浮及结构受力安全要求。
- 构筑物的纵坡应考虑综合管沟内部自流排水的需要，其最小纵坡不宜小于5‰；其最大纵坡应符合电缆敷设方便要求，控制值一般为25%，特殊情况例外。
- 构造物的最小埋设深度应根据路面结构厚度、必要的覆土厚度以及横向埋管的安全空间等因素确定。
- 穿越河道时应选择河床稳定的河段，最小覆土深度应满足河道整治、通航河道抛锚以及电缆构筑物安全运行的要求。

电缆构筑物纵断面设计内容应包括并不局限于以下内容：

- 双向比例尺；
- 高程系统尺；
- 构筑物里程桩号；
- 现状地面高程线、设计地面高程线；
- 构筑物顶底板线；
- 纵坡度以及相应的长度；
- 节点功能标注；
- 影响管廊走势的现状、规划管线位置示意。

2.2.3 电缆敷设断面设计

电缆敷设方式的选择应考虑工程条件、环境特点，以及电缆类型、数量等因素，以满足运行可靠、便于维护和技术经济合理的要求。通常，电缆的敷设方式可分为直埋、排管、非开挖定向钻（拉管）、电缆沟、电缆桥架、电缆工井、小口径顶管、电缆隧道等。

电缆敷设断面布置应满足经济性、安全性及适用性要求。电缆敷设断面规划设计应遵循以下原则：

（1）电缆支架的层间垂直距离应满足方便地敷设和固定电缆，在多根电缆同层支架敷设时，有更换或增设任意电缆的可能，电缆支架层间最小净距见表 2-1 中的规定。

表 2-1　电缆支架层间最小净距

电缆类型及敷设特征		支架层间最小净距 /mm
控制电缆		120
电力电缆	电力电缆每层一根	D+50
	电力电缆每层多于一根	2D+50
	电力电缆三根品字形布置	2D+50
	电力电缆三根品字形布置多于一回	3D+50
	电缆敷设于槽盒内	H+80

注：① H 为槽盒外壳高度；② D 为电缆标称外径。

（2）在电缆沟、隧道或电缆夹层中安装的电缆支架离底板和顶板的净距不宜小于表 2-2 中的数值。

表 2-2　电缆支架离底板和顶板的净距

敷设方式	最下层垂直净距 /mm	最上层垂直净距 /mm
电缆沟	10	150
隧道或电缆夹层	10	100

（3）电缆沟、隧道或电缆工井内通道净宽不宜小于表 2-3 中的数值。

表 2-3　电缆沟、隧道或电缆工井内通道净宽允许最小值

电缆支架配置方式	具有下列沟深的电缆沟 /mm			开挖式隧道封或闭式电缆工井 /mm	非开挖式隧道 /mm
	< 600	600 ～ 1000	> 1000		
两侧	300	500	700	1000	800
单侧	300	400	600	900	800

（4）不同敷设方式的电缆，其根数宜按照表 2-4 中的规定选择。

表 2-4　敷设方式和规划电缆根数

敷设方式	规划敷设电缆根数
直埋	6 根及以下
排管或电缆沟	24 根及以下
隧道	18 根及以下

（5）同一通道内不同电压等级的电缆，应按照电压等级的高低从下向上排列，分层敷设在电缆支架上。

（6）同一负载的双路或多路电缆，不宜布置在相邻位置。

（7）重要变电站进出线、回路集中区域、电缆数量在 18 根及以上，以及局部电力走廊紧张情况，宜采用隧道形式。

（8）电缆敷设断面规划宜适当预留远景电缆敷设空间。

2.3 电力电缆构筑物设计

2.3.1 直埋

直埋是将电缆直接埋设于土中、预制槽盒中或砖砌槽盒中的一种敷设方式。

（一）适用范围及特点

电缆直埋敷设适用于电缆数量少、敷设距离短、地面荷载比较小的情况。路径应选择地下管网结构简单、不经常开挖和没有腐蚀土壤的路段。直埋示意图如图 2-1 ～图 2-3 所示。

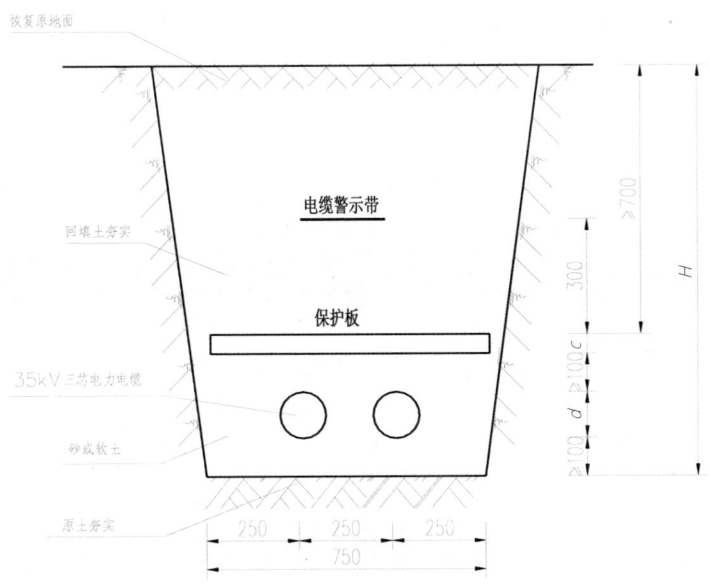

图 2-1　电缆土中直埋敷设示意图（单位：mm）

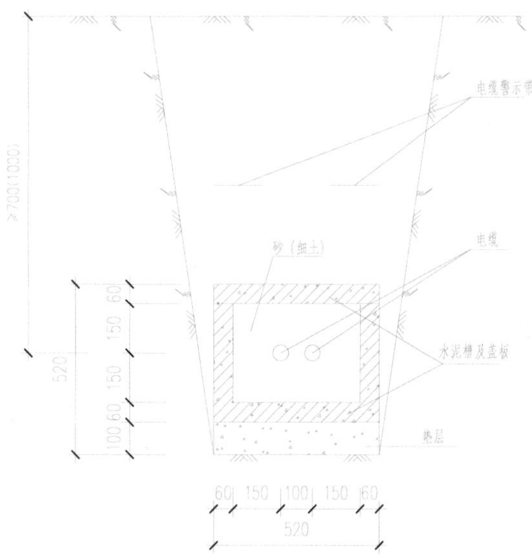

图 2-2　电缆预制槽盒直埋敷设示意图（单位：mm）

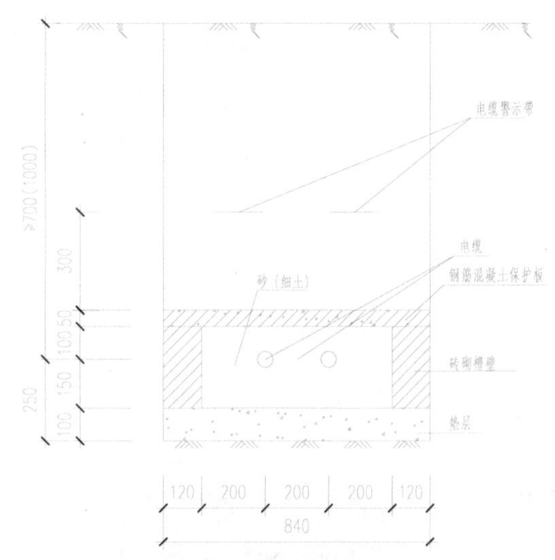

图 2-3　电缆砖砌槽盒直埋敷设示意图（单位：mm）

优点：施工简单、投资少，电缆敷设后与土或砂接触，防火性能好，有利于电缆散热。

缺点：抗外力破坏能力差，电缆敷设后如进行电缆更换，则难度较大。

（二）设计要点

（1）直埋敷设应避开含有酸、碱强腐蚀或杂散电流电化学腐蚀严重影响的地段。禁止电缆与其他管道上下平行敷设。电缆与管道、地下设施、铁路、公路平行交叉敷设的容许最小距离，应按《电力工程电缆设计标准》（GB 50217—2018）中的相关规定执行。

（2）直埋敷设于非冻土区时，电缆覆土深度不应小于 0.7m，当位于耕地时，应适当加深，且不应小于 1.0m。直埋敷设于冻土区时，宜埋设在冻土层下；但无法深埋时可埋设在土壤排水性好的干燥冻土层或回填土中。

（3）电缆敷设于土中时，沿电缆全长的上、下、侧面应铺以不小于 100mm 的砂或细土，并沿电缆全长覆盖保护板，其宽度不小于电缆两侧各 50mm。电缆敷设于预制槽盒中时，槽盒中电缆上下各填 150mm 厚砂或细土，上盖保护盖板。电缆敷设于砖砌槽盒中时，砖砌槽的垫层采用混凝土，槽壁采用普通砖，盖板采用混凝土，槽盒中电缆上下各填 100mm、150mm 的厚砂或细土。

（4）电缆敷设后，电缆保护板上应铺以醒目的警示带。电缆通道起止点、转弯处及沿线，应在地面上设明显的电缆标志，且标志应设置在通道两侧，反映直埋电缆的宽度。

（三）常见设计质量问题

（1）电缆间未采取有效隔离措施，导致不同相电缆表面直接接触。

（2）采用砖替代钢筋混凝土保护盖板，降低了电缆防止外力破坏的能力。

（3）直埋电缆地面未设置警示标志或标志未设置在通道两侧，无法反映直埋电缆的位置，导致电缆受到外力破坏的风险加大。

2.3.2 排管

排管是先在明挖沟槽内埋设电缆保护管，然后在保护管内敷设电缆的一种构筑物。排管示意图如图 2-4 所示。

（一）适用范围及特点

排管适用于狭窄且少弯曲的城市道路环境，多种电压等级可共路径，电缆数量较多、敷设距离长，且电力负荷比较集中。

优点：施工方便快捷，受外力破坏的影响小，占地小，能承受较大的荷载，电缆敷设无相互影响。

缺点：排管为直线型构筑物，对路径选择要求高，不宜用于弯曲段；电缆散热条件差，电缆热伸缩易引起金属护套的疲劳。

（二）设计要点

（1）在选择路径时，应尽可能取直线，在转弯和折角处应增设电缆工井。在直线部分，两电缆工井之间的距离不宜大于 150m。

（2）排管顶覆土深度不应小于 0.7m，过路段覆土不应小于 1.0m。

（3）电缆排管选材应考虑强度、散热、老化、阻燃、腐蚀等因素，禁止使用高碱玻璃钢管，单芯电缆用排管应采用非磁性材料。

（4）排管内径不应小于电缆外径的 1.5 倍，且不宜小于 150mm。

（5）排管应有不小于 0.2% 的排水坡度。

（6）排管之间采用管枕结构，上下层排管间距不得小于 5cm。

（7）排管敷设的电缆上方沿线土层内应铺设带有电力标志的警示带。

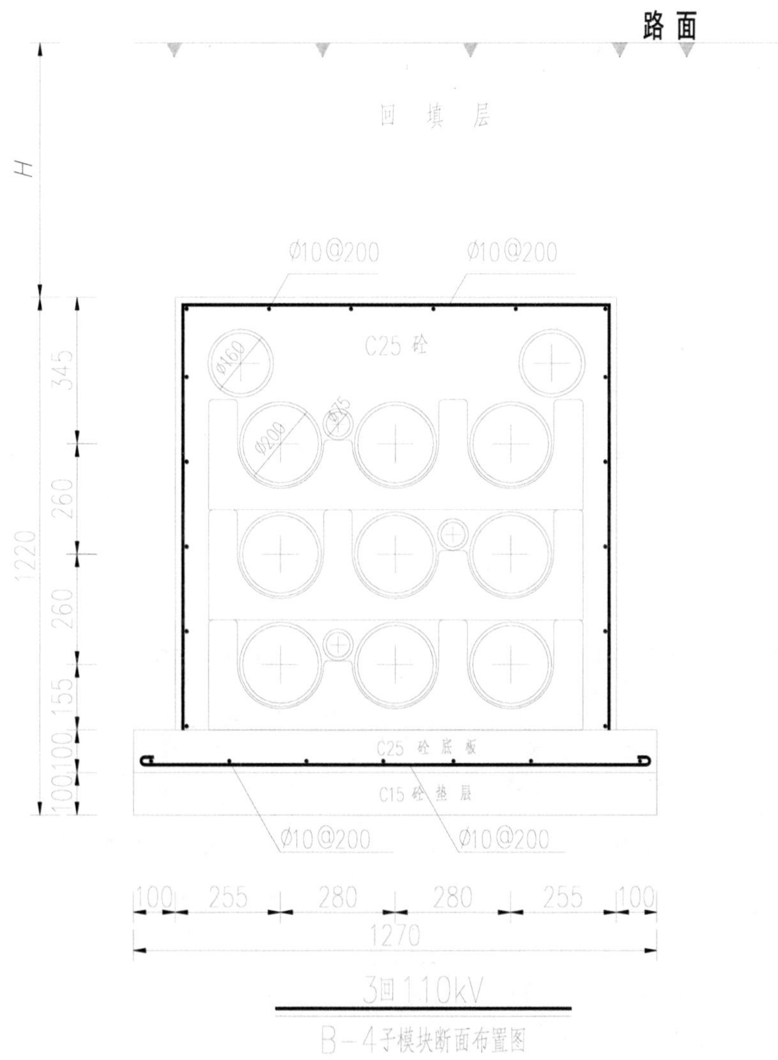

图 2-4 排管示意图（单位：mm）

（三）常见设计质量问题

（1）排管过路段覆土小于1.0m，未采取附加保护措施，导致电缆易受外力破坏。

（2）排管之间未采用管枕结构，导致排管之间的密封和固定无法得到保障，容易造成排管内进水，降低电缆的运行年限。

（3）单芯电缆用排管采用了钢管，造成磁环流效应。

（4）排管管口未注明封堵做法，雨水及淤泥易渗入管道，影响电缆正常工作。

2.3.3 电缆工井

电缆工井是一种供作业人员安装电缆接头或牵引电缆用的构筑物。电缆工井平面示意图如图 2-5 所示，电缆工井剖面示意图如图 2-6 所示。

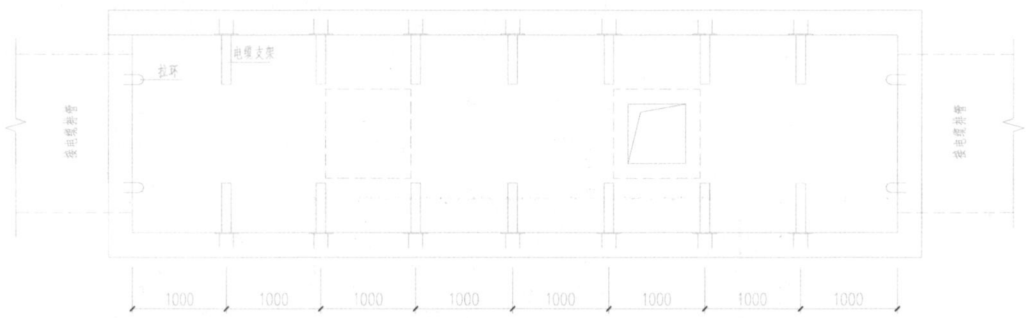

图 2-5 电缆工井平面示意图（单位：mm）

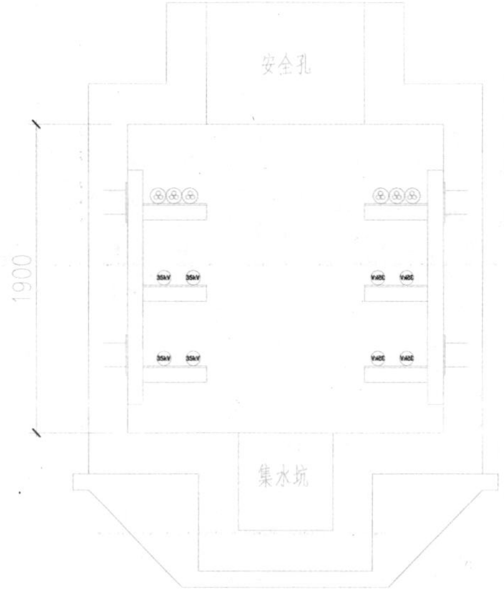

图 2-6 电缆工井剖面示意图（单位：mm）

（一）适用范围及特点

电缆工井一般与排管、拉管组合使用，适用于多电压等级、电缆根数较多的地区。根据电缆敷设工艺要求，采用封闭式结构时，电缆工井深度不小于 1.9m，其安全孔尺寸应满足人员上下井需要；当采用盖板式结构时，电缆工井深度可适当减小。

优点：可根据路径走向，灵活采用转弯井、三通井、四通井等形式。

缺点：封闭式工井内施工作业相对局促；盖板式工井内易积水，电缆敷设及检修时需要开启盖板。

（二）设计要点

（1）封闭式电缆工井的净高不宜小于 1.9m。

（2）接头工井尺寸应满足接头作业、接头布置、敷设作业及抢修的要求。

（3）每座封闭式电缆工井的顶板均应设置两处安全孔，用于采光、通风及人员和设备的进出。

（4）安全孔的设置宜避开道路，设置在绿化带内时，安全孔高于地面不应小于 300mm。

（5）每座电缆工井的底板均应设置集水坑，底板向集水坑泄水坡度不应小于0.5%。

（6）每座电缆工井均应设置接地装置，接地电阻不应大于 10Ω。

（三）常见设计质量问题

（1）电缆工井未采取防水措施，导致电缆工井内积水严重。

（2）电缆工井只设置了一处安全孔，无法满足电缆敷设及检修时的采光、通风要求。

（3）安全孔距离电缆工井顶部距离过小，导致电缆排管引出的电缆位于安全孔投影范围内，影响安全孔的使用。

2.3.4 电缆沟

电缆沟是一种封闭式但盖板可开启的电缆构筑物，盖板与地坪相齐或稍有上下。电缆在电缆沟内采用支架或沙包进行固定。

（一）适用范围及特点

电缆沟适用于变电站出线、弯曲的城市街道，以及多种电压等级、电缆较多、地面高程变化较大的地段。电缆沟敷设方式可与直埋、排管、桥架等敷设方式相互配合使用。电缆沟示意图如图 2-7 所示。

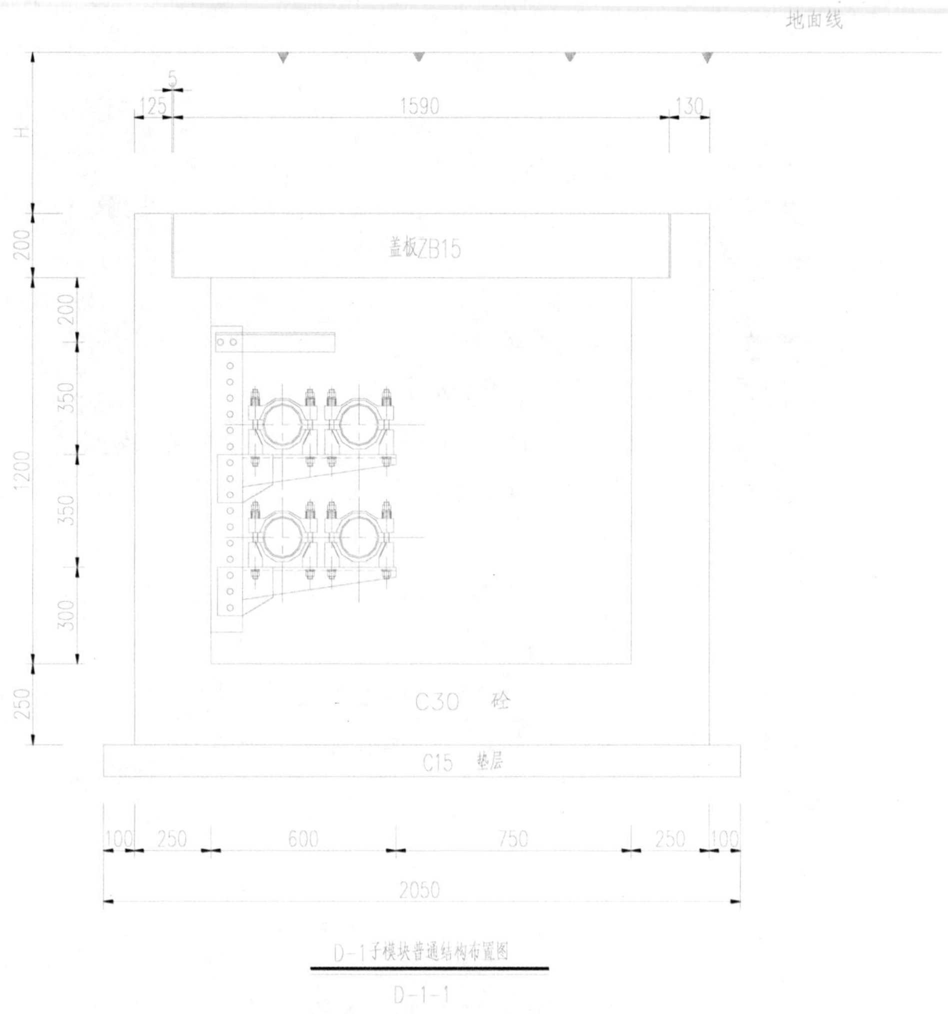

图 2-7 电缆沟示意图（单位：mm）

优点：布置灵活多样，转弯方便，可根据地面高程变化调整电缆沟高程。对电缆可实现可视化检修。

缺点：检修及更换电缆时需要搬运大量盖板。

（二）设计要点

（1）室内电缆沟盖板宜与地坪齐平，室外电缆沟的沟壁宜高出地坪 100mm。

（2）电缆沟的尺寸应按满足全部容纳电缆的允许最小弯曲半径、施工作业与维护空间要求确定。电缆沟内通道净宽尺寸不宜小于表 2-5 中的规定。

表 2-5 电缆沟内通道的净宽尺寸

电缆支架配置方式	具有下列沟深的电缆沟 /mm		
	<600	600 ~ 1000	>1000
两侧	300	500	700
单侧	300	450	600

（3）电缆沟应有不小于 0.5% 的纵向排水坡度，并在标高最低部位设置集水坑及其泄水系统，必要时应实施机械排水。

（4）电缆沟的齿口边缘应有角钢保护，钢筋混凝土盖板应用角钢或槽钢包边，管廊沟盖板应内置一定数量的供搬运、安装用的拉环。

（5）盖板下沉式的电缆沟沿线宜每隔一定距离设置一处检修孔。

（6）电缆沟应优先采用钢筋混凝土形式，不宜采用砖砌形式。

（三）常见设计质量问题

（1）电缆沟转弯处未设置倒角或倒角太小，不能满足大截面电缆转弯半径要求。

（2）电缆沟 T 接头或交叉转弯处未设计辅助支架，缺少敷设过渡支撑，影响电缆敷设安装。

（3）穿越其他市政管线时局部压缩电缆沟断面，导致不能满足电缆敷设数量的要求。

2.3.5 水平定向钻

水平定向钻是在不开挖地表的情况下，用导向钻具钻入小口径导向孔，然后用回扩钻头将钻孔扩大至所需口径，再将待铺管道拉入孔内建成管道，敷设电缆。水平定向钻纵断面示意图如图 2-8 所示，水平定向钻横断面示意图如图 2-9 所示。

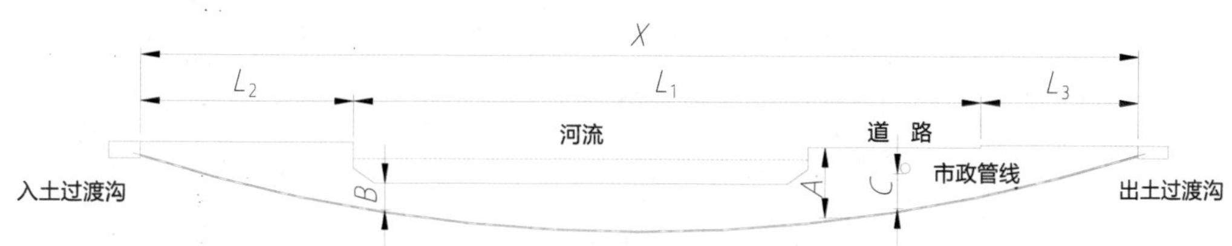

图 2-8 水平定向钻纵断面示意图

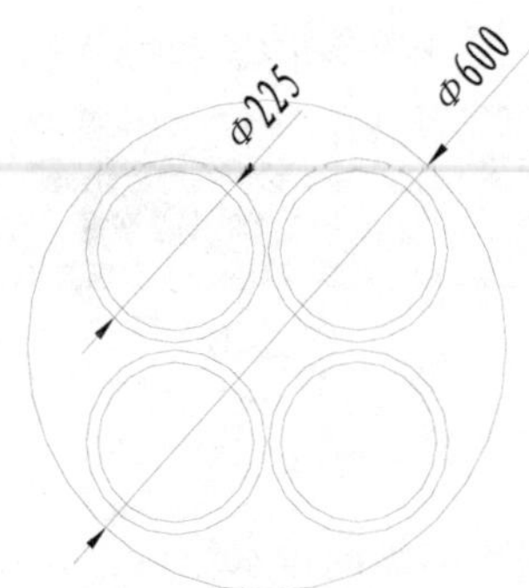

图 2-9　水平定向钻横断面示意图（单位：mm）

（一）适用范围及特点

适用于小规模电缆穿越道路、河流等不能明开挖的地段。

优点：施工速度快，工艺简单，相对于顶管等非开挖施工工艺，造价较低。

缺点：通道定位不够精确，且因电缆覆土厚，管线探测时难以发现，电缆易受外力破坏。

（二）设计要点

（1）水平定向钻长度不宜超过 150m；特殊情况需超过 150m 时，应校核电缆施工时的允许牵引力，并制订专项方案报运检部门批准。

（2）水平定向钻穿越公路、铁路、河道时的最小覆土深度应符合各自行业标准的要求；单本行业无特殊要求时，最小覆土厚度应符合表 2-6 中的规定。

表 2-6　水平定向钻最小覆土厚度

项目	最小覆土厚度
城市道路	与路面垂直净距大于 1.5m
公路	与路面垂直净距大于 1.8m；路基坡角地面以下大于 1.2m
高等级公路	与路面垂直净距大于 2.5；路基坡角地面以下大于 1.5m
铁路	路基坡角处地表下 5m；路堑地形轨顶下 3m；零点断面轨顶下 6m
河道	规划河床下 3m，且满足冲刷、疏浚和抛锚等要求规定

注：未采取措施对上覆土层进行处理时，最小覆土厚度应大于管道管径的 5 ～ 6 倍。

（3）拉管与地下管线平行敷设时，拉管扩孔距既有管线外壁一般不得小于 1.5 倍扩孔距；拉管与建筑物的水平净距必须在持力层扩散角范围以外；拉管与既有管线交叉时，拉管与既有管线的垂直净距应大于 1 倍扩孔直径，并不得小于 0.5m；拉管与既有管线的距离还应符合《电力工程电缆设计标准》（GB 50217—2018）中的相关规定。

（4）水平定向钻两端应直接进入工井，进入角度应小于 10°，特殊施工有困难的地段允许不大于 15°，且位于两端井的中下部引出。

（5）为防止管道之间的缠绕，每孔拖管最多 9 孔；回扩孔直径应大于拟铺管道总截面的 1.2 倍，扩孔不宜大于 1.2m，若回扩孔直径过大，可采取分孔实施拉管。

（6）当对电缆防外力破坏有较高要求时，可采用“大管套小管”方式敷设电缆，水平定向钻“大管套小管”示意图如图 2-10 所示。

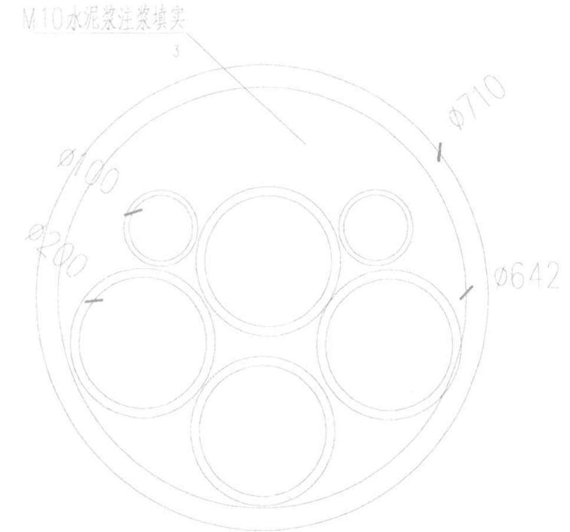

图 2-10　水平定向钻“大管套小管”示意图（单位：mm）

（三）常见设计质量问题

（1）出入土角设置过大，导致电缆敷设困难。

（2）所有拉管管孔未启用时，必须进行防水封堵，同时放置牵引绳。

（3）未对竣工后三维坐标测量提出要求，工程投资未计列相关测量费用。

2.3.6　电缆专用桥架

电缆专用桥架采用钢桁架结构，桁架内设置电缆保护管，保护管固定于支架上，并在保护管内敷设电缆。保护管伸出电缆专用桥架部分采用排管形式与电缆工井相接。电缆专用桥架示意图如图 2-11 ～图 2-12 所示。

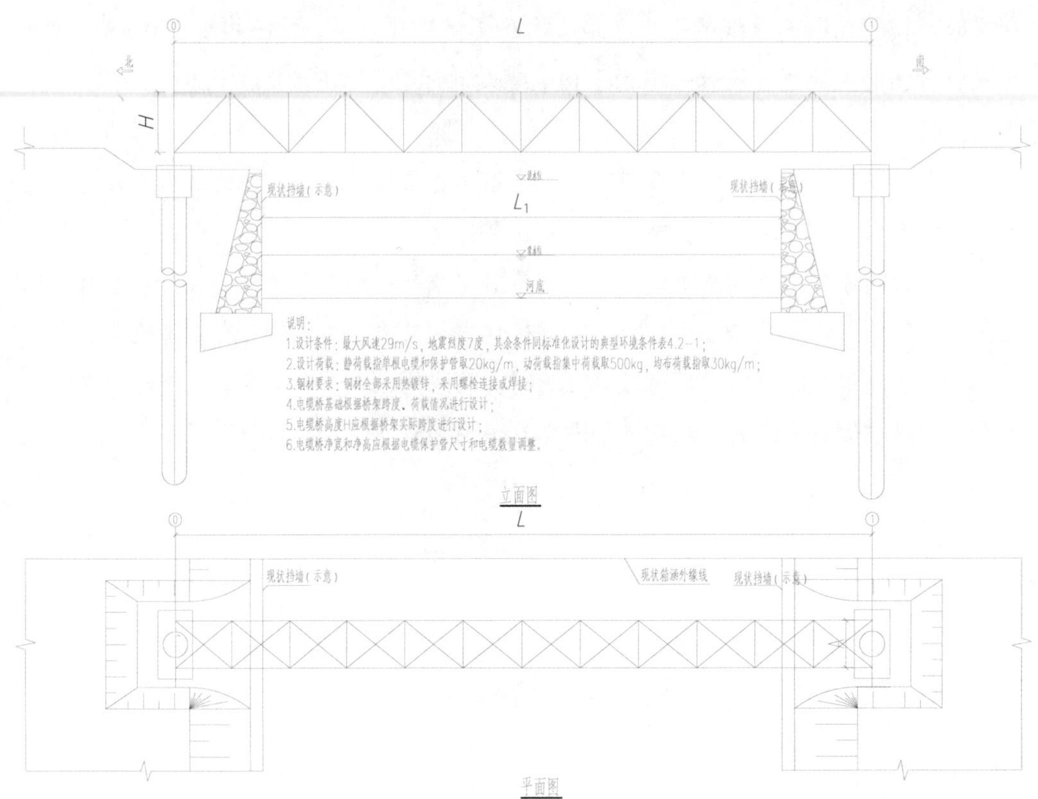

图 2-11　电缆专用桥架平纵断面示意图

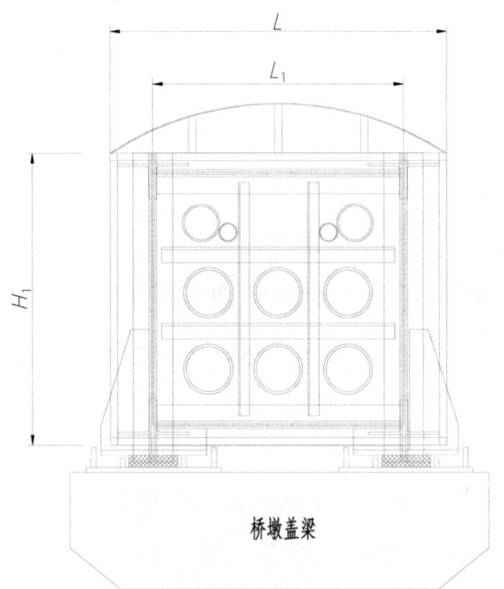

图 2-12　电缆专用桥架横断面示意图

（一）适用范围及特点

电缆专用桥架适用于跨越宽度较小的河道、道路段。

优点：采用钢桁架结构，结构稳定，施工方便，电缆在桥架内敷设于保护管内，电缆运行环境好。

缺点：由于为刚桁架结构，需要不定期进行防腐、防锈处理。电缆专用桥架一般架设于桥梁侧面，对市政环境有一定的影响。

（二）设计要点

（1）电缆专用桥架的敷设方式应征求有关管廊部门的意见。电缆专用桥架宜进行外立面美化处理，使之与周边环境相融合，外立面的材料应选用防火材料。

（2）电缆专用桥架跨距不宜大于 30m。

（3）电缆专用桥架底标高不应低于临近桥梁下地标高，设计的电缆专用桥架高度不宜超出桥梁护栏的高度。

（4）电缆专用桥架两端伸出的电缆保护管以排管形式浇注固定，与两端电缆工井相接。

（5）桥内“井”字支架宜采用无磁不锈钢材料。

（6）电缆专用桥架内敷设的电缆保护管宜选用 MPP 材质保护管，保护管之间宜采用焊接或卡扣方式连接，连接处应有良好的密封性能。

（7）电缆专用桥架应安装阳光板、装饰板等附属设施。

（三）常见设计质量问题

（1）钢桥架设计刚度不足，导致挠度过大，影响电缆运行安全。

（2）桥内“井”字支架未采用无磁不锈钢材料，导致单芯电缆产生磁环流效应。

（3）桥架的两端未设置防跨越装置，造成安全隐患。

2.3.7 小口径顶管

在不开挖地表的情况下，可使用顶管工艺，新建小口径顶管（内直径 ≤ 1200mm），然后在小口径顶管内敷设电缆保护管，并最终在保护管内敷设电缆。小口径顶管横纵断面示意图如图 2-13 ～图 2-14 所示。

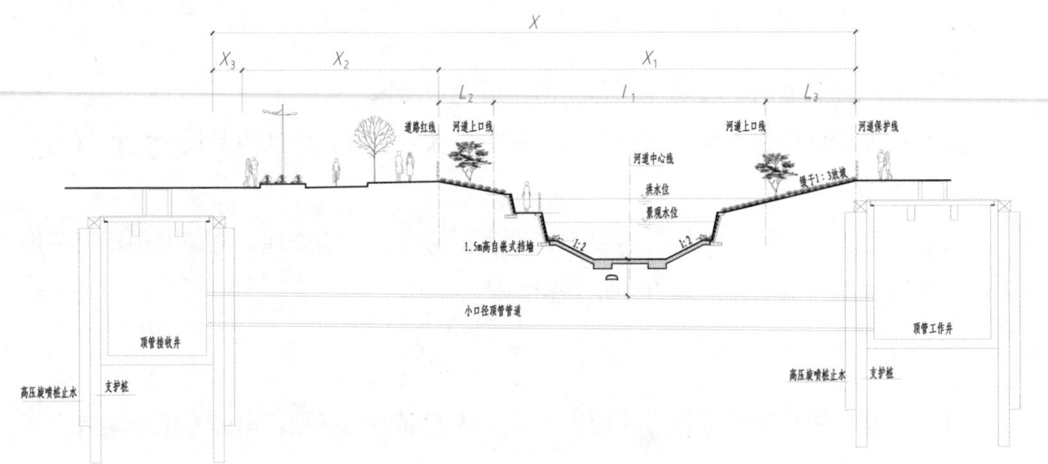

图 2-13　小口径顶管纵断面示意图

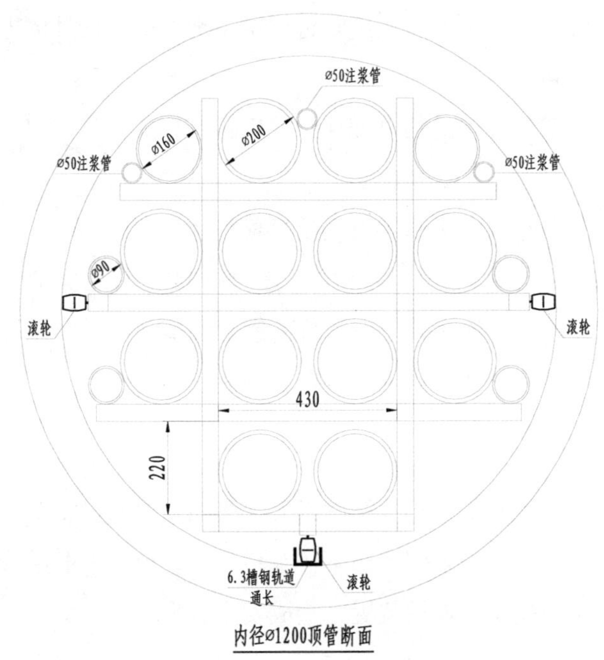

图 2-14　小口径顶管横断面示意图

（一）适用范围及特点

小口径顶管适用于穿越小管径地下管线、短距离城市道路、河流等不能明挖及拉管的电缆路段。

优点：施工工艺成熟，电缆敷设、运行环境好，防外力破坏能力强。

缺点：两端电缆工井占地较大，井位选择困难，对其他管线有一定的影响，施工周期较长，工程造价较高。

（二）设计要点

（1）小口径顶管长度不宜大于 150m，长度超过 150m 时，可增大口径，或增设工井，同时应校核电缆施工时的允许牵引力。

（2）小口径顶管上部的最小覆土一般不小于 1.5 ～ 2.0 D（D 为管节外径）。

（3）小口径顶管两端的电缆工井应满足电缆敷设要求，保证电缆弯曲半径，井内应设置电缆支架，对弯曲敷设的电缆进行固定。

（4）顶管需内置电缆保护管，管材宜采用 MPP 管。电缆保护管宜采用支架固定，固定支架宜每 2m 设置一道。

（5）顶管两端工井净深超过 3m 时应设楼梯，楼梯高度超过 5m 时，应每隔 3m 设置一个休息平台，防止人员坠落。工井内应预留更换电缆和支架的操作空间和检修通道。

（三）常见设计质量问题

（1）未对顶管管材允许顶力进行校验，顶力较大时易导致管材受压破损。

（2）顶管井长度过小，不满足电缆爬升需求。

（3）顶管与其他市政管线距离过小，顶管施工时易造成管线损坏。

2.3.8 电缆隧道

电缆隧道是一种容纳电缆数量较多、有供安装和巡视的通道、全封闭型的地下构筑物。电缆隧道横断面示意图如图 2-15 所示。

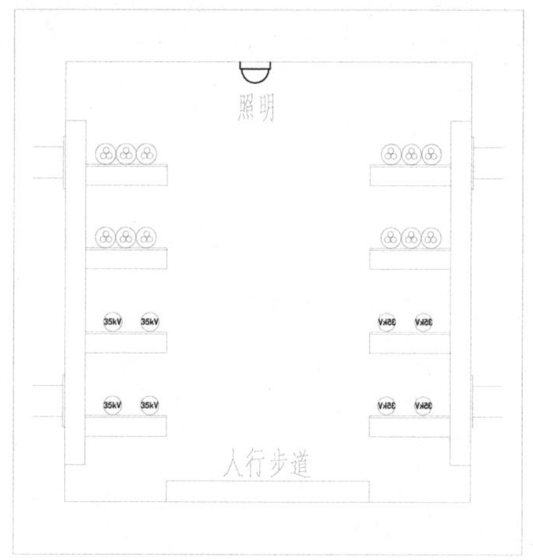

图 2-15 电缆隧道横断面示意图

（一）适用范围及特点

电缆隧道适用于电缆线路高度集中、路径选择难度较大或市政规划要求极高的区域。

优点：能容纳大规模、多电压等级的电缆，电缆敷设时受外界条件影响小，维护、检修和更换电缆方便，能可靠地防止外力破坏。

缺点：工程难度高，投资大，工期长，附属设施多。

（二）设计要点

（1）电缆隧道与相邻建（构）筑物及管线最小距离不宜小于表 2-7 中的规定。

表 2-7　电缆隧道与相邻建（构）筑物及管线最小距离

施工工法	具体情况	
	开挖式隧道 /m	非开挖式隧道
隧道与建（构）筑物平行距离	≥ 1.0	不小于隧道外径
隧道与地下管线平行距离	≥ 1.0	不小于隧道外径
隧道与地下管线交叉穿越间距	≥ 0.5	不小于隧道外径

（2）不同电压等级在同一舱室内敷设时应征求当地运检部门的意见。

（3）电缆隧道内通道的净高不宜小于 1.9m；与其他管沟交叉的局部段，净高可降低，但不应小于 1.4m。

（4）电缆隧道内通道的净宽尺寸不宜小于表 2-8 中的规定。

表 2-8　电缆隧道内通道的净宽尺寸

电缆支架配置方式	开挖式隧道 /mm	非开挖式隧道 /mm
两侧	1000	800
单侧	900	800

（5）电缆隧道最小纵坡不宜小于 0.5%，最大纵坡不宜大于 2.7%；

（6）电缆隧道应采用全封闭的防水设计。

（7）电缆隧道应有通风、排水、动力照明、消防、综合监控等附属设施。

（三）常见设计质量问题

（1）电缆隧道的高度未考虑检修步道、灯具、诱导风机或巡检机器人的高度，局部设计考虑不周。

（2）电缆隧道的出入口、通风口位置较低且无防倒灌措施。

（3）电缆隧道内单侧布置电缆时，其上方人孔设置在电缆正上方。

（4）电缆隧道三通井、四通井处隧道高度未加高，电缆敷设完成后运行人员通行困难。

（5）电缆隧道纵坡大于 10% 时，未设置防滑地坪或台阶。

2.3.9 电缆终端塔（杆）规划设计

（1）电缆终端塔（杆）包括电缆终端塔、电缆终端杆及其附属设施。

（2）电缆终端塔（杆）的选址及布置应与线路的整体建设方案及区域的规划、周边环境相协调，统筹规划，合理布置。

（3）电缆终端塔（杆）的环境条件如表 2-9 所示。

表 2-9 电缆终端塔（杆）的环境条件

序号	名称	数值
1	最高温度 /℃	+40
2	最低温度 /℃	−20
3	海拔高度 /m	< 1000
4	日照强度 /（W/cm^2）	0.1
5	覆冰厚度 /mm	5
6	基本风速 /（m/s）	27
7	地震强度	7 度

（4）绝缘配合。

① 终端站的电缆终端头、避雷器、支柱绝缘子等设施布置应满足户外配电装置相关规程规范要求。

② 线路经过较严重的污秽地区时，可以通过采用防污型绝缘子及防污性能较优的复合绝缘子的方式来满足要求。

③ 居民区、人口密集区户外终端头宜采用复合套管式。

（5）防雷保护。

电缆终端塔（杆）按照 GB 50064、GB 50045、GB 50061 进行防雷保护设计，采用架空地线保护。对于电缆终端站，当架空地线保护角不能满足保护要求时，宜增设避雷针。

（6）电缆终端头接地。

电缆终端头的金属保护层接地装置与终端塔接地装置宜分开，两者之间应保持3～5m的间距。

电缆终端头金属保护层的工频接地电阻值 $R \leqslant 4\Omega$。

（7）电缆固定。

① 电缆终端支架、电缆固定金具等金属构件的机械强度及防腐性能应符合设计和长期安全运行的要求。

② 交流单芯电缆的固定夹具应采用非导磁性材料，与电缆接触面应采取防磨损保护措施。

③ 电缆终端头的法兰盘下应有不小于1m的垂直段，且刚性固定不少于2处，垂直敷设或超过45° 倾斜敷设时，电缆刚性固定间距应不大于2m。

④ 在电缆终端塔（杆）处，露出地面部分的电缆应采用保护管（罩）保护，保护管（罩）的高度不小于2.5m。

（8）电气连接。

① 电缆终端头的电气设备应采用可靠灵活的接线方式，便于检修和维护。

② 向同一变电站供电的双回或多回路电缆线路终端应满足一回路检修一回路正常运行时的安全距离要求，必要时予以物理隔离，如设立隔离墙。

③ 架空线与电缆终端头的连接方式应考虑降低风振对电缆终端头密封性的影响。

2.4 电力电缆及附件设计

2.4.1 电缆设计选型

（一）设计要点

电缆设计选型需要确定的主要技术参数有电缆环境条件、运行电压等级、电缆导体截面、电缆绝缘结构、电缆金属护套及外护套等。

1. 电缆环境条件

电缆一般运行环境条件见表2-10。

表 2-10 电缆一般运行环境条件

项目	单位	参数
海拔高度	m	<1000
最高环境温度	℃	+ 40
最低环境温度	℃	- 40
日照强度	W/cm^2	0.1
年平均相对湿度	%	80
雷电日	日 / 年	40
最大风速	m/s	35

注：实际工程中的电缆运行环境条件需根据所在地区环境进行修正。

2. 运行电压等级

电缆的额定电压应按电缆导体与绝缘屏蔽层或金属护套之间的额定工频电压（U_o）、任何两相线之间的额定工频电压（U）、任何两相线之间的运行最高电压（U_m），以及每一个导体与绝缘屏蔽层或金属护套之间的基准绝缘水平（BIL）选择，且应符合表 2-11 中的规定。

表 2-11 电缆的额定电压值表

系统中性点	有效接地			非有效接地		
系统额定电压（kV）	10	20	35	10	20	35
U_o/U（kV）	6/10	12/20	21/35	8.7/15	18/24	26/35
U_m（kV）	11.5	24	42.5	11.5	24	42.5
BIL（kV）	75	125	200	95	170	250
外护套冲击耐压（kV）	20	20	20	20	20	20

3. 电缆导体截面

（1）最大工作电流作用下的缆芯温度不得超过按电缆使用寿命确定的允许值，持续工作回路的缆芯工作温度应符合表 2-12 中的规定。

表 2-12 缆芯最高允许温度

电缆类型	正常运行时 最高允许温度 /℃	通过短路电流 最高允许温度 /℃
聚氯乙烯	70	160
交联聚乙烯绝缘	90	250

（2）电缆导体最小截面的选择，应同时满足规划载流量和通过系统最大短路电流时热稳定的要求。

（3）连接回路在最大工作电流作用下的电压降不得超过该回路的允许值。

（4）电缆导体截面的选择应结合不同敷设方式、不同敷设环境综合考虑。

4. 电缆绝缘屏蔽或金属护套、铠装、外护套选择

电缆绝缘屏蔽或金属护套、铠装、外护套宜按表 2-13 选择。

表 2-13　绝缘屏蔽或金属护套、铠装、外护套选择

敷设方式	绝缘屏蔽或金属护套	加强层或铠装	外护套
直埋	软铜线或铜带	铠装（3 芯）	聚氯乙烯或聚乙烯
排管、电缆沟、隧道、电缆工井	软铜线或铜带	铠装 / 无铠装（3 芯）	

（1）潮湿环境、含化学腐蚀环境或易受水浸泡的电缆，宜选用聚乙烯等材料类型的外护套。

（2）在保护管中的电缆应具有挤塑外护层。

（3）在电缆夹层、电缆沟、电缆隧道等防火要求较高的场所宜采用阻燃外护套，根据防火要求选择相应的阻燃等级。

（4）有白蚁危害的场所应采用金属套或钢带铠装，或在非金属外护套外采用防白蚁护套。

（5）有鼠害的场所宜在外护套外添加防鼠金属铠装，或采用硬质护套。

（6）有化学溶液污染的场所应按其化学成分采用相应材质的外护套。

（二）常见设计质量问题

（1）电缆运行环境条件与实际不符。

（2）未结合电缆敷设环境计算电缆载流量，导体截面选择不合理。

（3）电缆绝缘屏蔽或金属护套、铠装、外护套的选择未充考虑环境特点。

2.4.2　电缆附件选择

电缆附件主要包括电缆接头、电缆终端等设备。

（一）设计要点

（1）电缆附件的额定电压以 U_0/U（U_m）表示，它不得低于电缆的额定电压。

（2）电缆附件绝缘特性应符合下列规定：

- 电缆附件是将各种组件、部件和材料，按照一定设计工艺，在现场安装到电缆端部构成的，在绝缘结构上，它与电缆本体结合成不可分割的整体。
- 电缆附件设计时采用的每一个导体与屏蔽或金属护套之间的雷电冲击耐受电压的峰值，即基准绝缘水平（BIL），应符合规定。
- 绝缘接头的绝缘隔离板应能承受所连电缆护层绝缘水平 2 倍的电压。

（3）敞开式电缆终端的外绝缘必须满足所设置环境条件的要求，泄漏比距不低于架空线绝缘子的爬距。

（4）外露于空气中的电缆终端装置类型应按下列条件选择：

- 不受阳光直接照射和雨淋的室内环境应选用户内终端。
- 受阳光直接照射和雨淋的室外环境应选用户外终端。
- 常用的终端类型有热缩型、冷缩型、预制型，应根据安装位置、现场环境等因素进行选择。

（5）三芯电缆中间接头应选用直通接头。常用的有热缩型、冷缩型，可按照电缆敷设环境及施工工艺等因素进行选择。

（二）常见设计质量问题

（1）未结合运行环境选取电缆附件。

（2）缺少电缆附件安装施工图；或虽有安装图，但未详细标明电缆附件的电气与结构参数。

2.4.3 电缆线路接地系统设计

电缆线路接地主要分为电缆构筑物接地、电缆金属护层接地两大类。电缆构筑物接地包括电缆隧道接地、排管电缆工井接地、电缆沟接地、电缆桥架接地等。电缆金属护层接地包括两端直接接地、单点直接接地、交叉互联接地等。电缆的金属护套和铠装、电缆构筑物，以及电缆支架和电缆附件的支架必须可靠接地。

（一）设计要点

1. 电缆构筑物接地

（1）电缆隧道接地。

电缆隧道的综合接地网设计及隧道的附属设施（供配电及照明、防灾与报警、智能监控等）的接地设计应符合 DL/T 5484—2013 的要求。

电缆隧道内的接地系统应形成环形接地网，接地网通过接地装置接地，接地网的综合接地电阻不宜大于1Ω，接地装置接地电阻不宜大于5Ω。少数特殊情况，如电缆隧道两端均未与发电厂、变电站地网连接，且隧道内无特殊接地要求的设备，其接地电阻不应大于4Ω。隧道内的金属构件和固定式电器用具均应与接地网连通。接地网使用截面应进行热稳定校验，且不宜小于40mm × 5mm。接地网宜使用经防腐处理的扁钢，在现场焊接，不得使用螺栓搭接方法。

电缆隧道内高压电缆系统应设置专用的接地汇流排或接地干线，其使用截面应进行热稳定校验，并应在不同的两点及以上就近与综合接地网相连接。电缆隧道内的高压电缆接头、接地箱的接地应以独立的接地线与专用接地汇流排或接地干线可靠连接。

（2）排管电缆工井接地。

安装在排管电缆工井内的金属构件皆应用镀锌扁钢与接地装置连接。每座电缆工井应设接地装置，接地电阻不应大于10Ω。

（3）电缆沟接地。

电缆沟应合理设置接地装置，接地电阻不宜大于5Ω。

（4）电缆桥架接地。

电缆桥架金属构件均应可靠接地。钢桥架接地由两端引出，与两端接地装置连接；其他类型桥架接地通过接地干线与两端接地装置连接。

沿电缆桥架敷设铜绞线、镀锌扁钢作为接地干线，或利用沿桥架构成电气通路的金属构件作为接地干线时，电缆桥架接地应符合下列规定：电缆桥架全长不大于30m时，不应少于2处与接地干线相连；全长大于30m时，应每隔20～30m增加与接地干线的连接点；电缆桥架的起始端和终点端应与接地网可靠连接。

2. 电力电缆金属护层的接地

（1）两端直接接地。三芯电缆的金属护层一般采用两端直接接地，如图2-16所示。

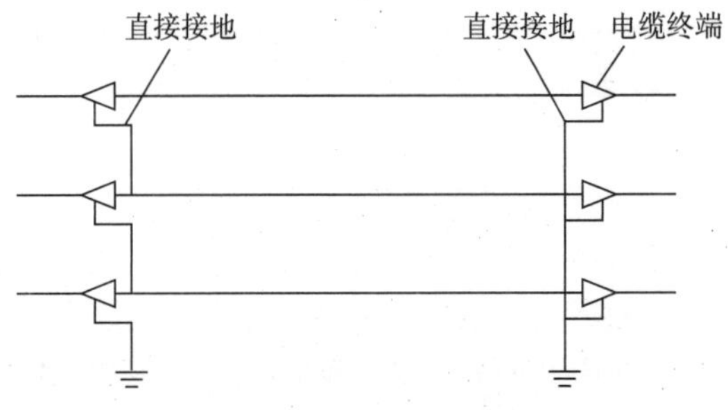

图2-16　两端直接接地

（2）单点直接接地。单芯电缆线路采用线路一端或中央部位单点直接接地时，按图 2-17 进行设置。

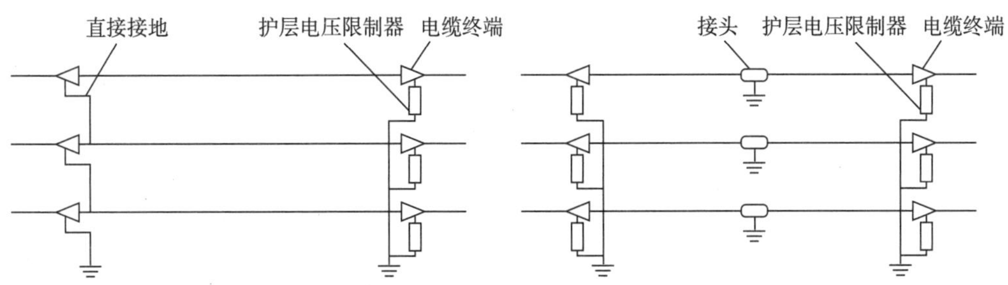

图 2-17　线路一端或中央部位单点直接接地

注意：护层电压限制器适合 35kV 以上电缆，35kV 电缆需要时可设置，35kV 以下电缆不需设置。

（3）交叉互联接地。单芯电缆线路采用交叉互联接地时，宜划分适当的单元设置绝缘接头，使电缆金属护层分隔在 3 个区段，如图 2-18 所示。每个单元系统中 3 个分隔区段长度宜均匀。

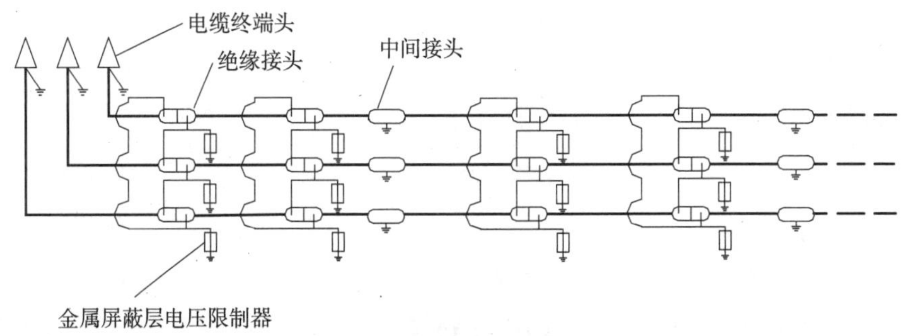

图 2-18　交叉互联接地

电缆接地线应采用铜绞线或镀锡铜编织线与电缆屏蔽层连接，其截面积不应小于表 2-14 中的规定。铜绞线或镀锡铜编织线应加包绝缘层。

表 2-14　电缆终端接地线截面积

电缆截面积 /mm²	接地线截面积 /mm²
$S \leqslant 16$	接地线截面积与芯线截面积相同
$16 < S \leqslant 16$	16
$S \geqslant 150$	25

统包型电缆终端头的电缆铠装层、金属屏蔽层应使用接地线分别引出并可靠接地；橡塑电缆铠装层和金属屏蔽层应用锡焊接地线。

（二）常见设计质量问题

（1）电缆沟、电缆工井等电缆构筑物未按要求配置，接地装置或接地电阻不符合规范要求。

（2）未说明电缆金属护层接地方式，或接地方式选择不合理。

（3）交叉互联接地方式的电缆分盘长度差异过大。

2.4.4 电缆线路雷电过电压保护

（一）设计要点

（1）为防止电缆和电缆附件的主绝缘遭受过电压损坏，应采取以下保护措施：

① 露天变电站内的电缆终端，必须在站内的避雷针或避雷线保护范围以内。

② 电缆线路与架空线相连的一端应装设避雷器。

③ 电缆线路在下列情况下，应在两端分别装设避雷器：

- 电缆一端与架空线相连，而线路长度小于其冲击特性长度；
- 电缆两端均与架空线相连。

（2）保护电缆线路的避雷器的主要特性参数应符合下列规定：

① 冲击放电电压应低于被保护的电缆线路的绝缘水平，并留有一定裕度。

② 冲击电流通过避雷器时，两端子间的残压值应小于电缆线路的绝缘水平。

③ 当雷电过电压侵袭电缆时，电缆上承受的电压为冲击放电电压和残压，两者之间数值较大者称为保护水平 U_p。BIL=（120% ～ 130%）U_p。

④ 10kV 避雷器的持续运行电压，对于中性点不接地和经消弧线圈接地的接地系统，应分别不低于最大工作线电压的 110% 和 100%；对于经小电阻接地的接地系统，应不低于最大工作线电压的 80%。

⑤ 一般采用无间隙复合外套金属氧化物避雷器。

（二）常见设计质量问题

未按要求配置避雷器，或避雷器参数选取不当。

2.4.5 电缆敷设

（一）设计要点

（1）按不同方式敷设的电缆，其转弯半径均应满足表 2-15 的要求。

表 2-15 电力电缆允许最小弯曲半径

电力电缆类别		3 芯	单芯
交联聚乙烯绝缘电力电缆	≥ 20kV	15D	20D
	≤ 20kV	10D	12D
聚氯乙烯绝缘电力电缆	0.4kV	10D	10D

注：表中 D 为电缆外径。

（2）电缆支架的层间垂直距离应满足电缆方便地敷设和固定，在多根电缆同层支架敷设时，有更换或增设任意电缆的可能，电缆支架之间最小距离不宜小于表 2-1 中的规定。

（3）在电缆沟、电缆隧道或电缆夹层中安装的电缆支架离底板和顶板的净距不宜小于表 2-2 中的规定。

（4）不同敷设方式的电缆，其根数宜按照表 2-4 中的规定选择。

（5）电缆线路的设计分段长度，除应满足电缆护层感应电压的允许值外，还要结合施工条件和施工机具等因素，使电缆敷设牵引力、侧压力满足规范要求。

（二）常见设计质量问题

（1）未按电缆允许最小弯曲半径校核电缆构筑结构尺寸。

（2）电缆支架层间距离过小，不满足运维检修及远景电缆敷设要求。

2.4.6 电缆防火

（一）设计要点

（1）变电站电缆夹层、电缆竖井、电缆隧道、电缆沟等在空气中敷设的电缆，应选用阻燃电缆。

（2）在上述场所中已经运行的非阻燃电缆，应包绕防火包带或涂防火涂料。电缆穿越建筑物孔洞处，必须用防火封堵材料堵塞。

（3）隧道中应设置防火墙或防火隔断。

（4）电缆竖井中应分层设置防火隔板。

（5）电缆沟每隔一定的距离应采取防火隔离措施。

（6）电缆通道与变电站和重要用户的接合处应设置防火隔断。

（7）电缆夹层、电缆隧道宜设置火情监测报警系统和排烟通风设施，并按消防规定，设置沙桶、灭火器等常规消防设施。

（8）对防火防爆有特殊要求的，电缆接头宜采用填沙、加装防火防爆盒等措施。

（9）10kV、20kV 与 35kV 及以上电缆混沟敷设时，需加装防火隔离措施。

（10）10kV、20kV 站房进出线电缆管沟参照变电站要求实施相应防火措施。

（11）严禁在变电站电缆夹层、桥架和竖井等区域布置电缆接头。

（12）电缆接头应采取合理的防火隔离措施，必要时加装灭火装置。

（二）常见设计质量问题

（1）未按要求选择阻燃或耐火电缆。

（2）施工图纸未说明电缆防火设置要求，如采用防火隔断、防火槽盒、防火包带等阻燃防护或延燃措施。

2.4.7 电缆在线监测

（一）设计要点

（1）中压电缆在线监测系统设计可参照《高压交流电缆在线监测系统通用技术规范》（DL/T 1506—2016）。

（2）可根据工程需要配置电缆载流量监测系统。

（3）电缆隧道内宜配置环境监测系统，采用在线实时监测模式，对电缆隧道进行集中监测。监测系统宜具有以下功能：

- 实时监测隧道环境温度，进行火灾监测、报警；
- 实时监测可燃气体、氧气及有害气体浓度；
- 实时监测电缆隧道内积水水位；
- 视频监测，以及门禁子系统、电缆工井盖状态监测和远程开启；
- 风机状态监测和远程开启。

（二）常见设计质量问题

（1）未按照规范要求配置在线监测系统。

（2）缺少在线监测系统图、安装图。

2.4.8 环网单元

环网单元是一组输配电气设备（高压开关设备）装在金属或非金属绝缘柜体内或做成拼装间隔式环网供电单元的电气设备，其核心部分采用了负荷开关和熔断器，具有结构简单、体积小、价格低、可提高供电性能及供电安全等优点。它被广泛应用于城市住宅小区、高层建筑、大型公共建筑、工厂企业等负荷中心的配电站以及箱式变电站中。环网柜外形示意图如图 2-19 所示，环网柜接线示意图如图 2-20 所示。

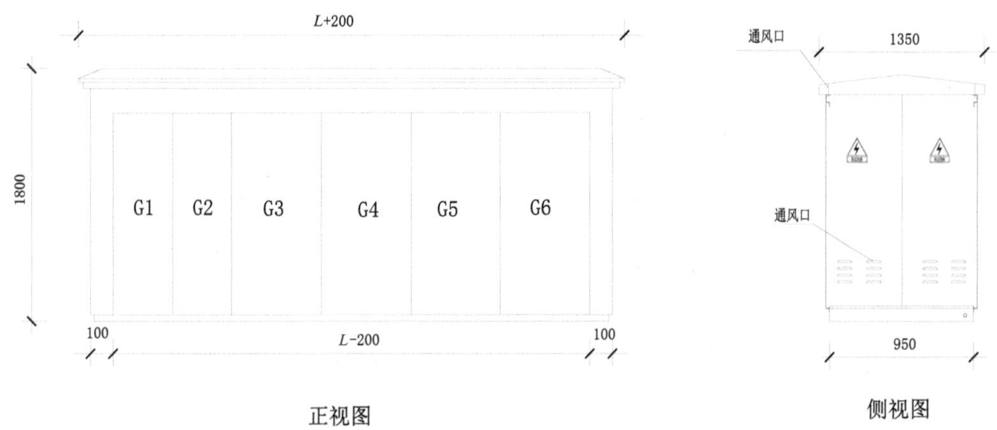

图 2-19　环网柜外形示意图（两进四出为例）（单位：mm）

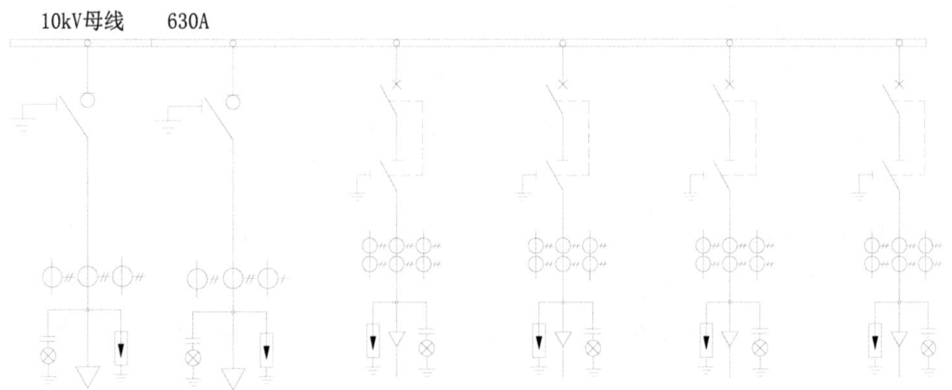

图 2-20　环网柜接线示意图（两进四出，空气绝缘为例）

（一）设计要点

1. 电气主接线

电气主接线为单母线接线，2 回进线，出线回路数一般为 2、4、6 回。

电源进线开关采用负荷开关。当出线负荷不大于 1250kVA 时，出线开关一般采用负荷开关，可加熔断器保护；当出线负荷大于1250kVA时，出线开关可采用断路器开关，可加继电保护。

2. 短路电流水平

设备短路电流水平应不小于20kA。

3. 过电压保护

电气装置过电压保护应满足《交流电气装置的过电压保护和绝缘配合设计规范》（GB/T 50064—2014）要求。进出线开关柜或母线应根据实际情况安装金属氧化物避雷器，采用交流无间隙金属氧化物避雷器进行过电压保护。

4. 绝缘介质选择

根据绝缘介质不同，可选用气体绝缘负荷开关柜、固体绝缘负荷开关柜、气体绝缘断路器柜、固体绝缘断路器柜。在高寒、高海拔、沿海及污秽地区等特殊环境的配电网供电系统，宜采用固体绝缘柜。

5. 防护等级

环网单元柜门关闭时防护等级应在IP4X或以上，柜门打开时防护等级达到IP2X或以上。环网单元外箱体的防护等级达到IP43或以上。

6. 设备选型要点

（1）气体绝缘负荷开关柜

① 气体绝缘负荷开关柜可分为单元式（分体式）和共箱式（全绝缘）两种。环网单元宜采用共箱式环网柜，其中6间隔和8间隔可以采用双气室。

② 共箱式（全绝缘）开关箱分为可扩展和不可扩展两种形式，可以根据使用要求向左或右扩展。在选择全绝缘可扩展开关箱的组合形式时，应按照使用母线扩展接头数量最少的原则进行选择。

③ 气体绝缘负荷开关宜使用三工位开关，操动机构一般采用电动操动机构。

④ 开关柜应满足防污秽、防凝露的要求，二次仪表小室内可安装温湿度控制器及加热装置。

⑤ 熔断器熔管额定电流应根据负荷容量选取。

⑥ 开关柜进出线宜配置电缆故障指示器。

⑦ 所有开关柜体都应安装带电显示器，按要求配置二次核相孔。

⑧ 电缆头选择630A及以下电缆头，并应满足热稳定要求。

⑨ 气体绝缘负荷开关柜应配置压力指示表或气体密度继电器。

（2）固体绝缘负荷开关柜

① 固体绝缘负荷开关柜应选用优质真空负荷开关，操动机构一般采用弹簧储能机构。

② 熔断器熔管的额定电流应根据负荷容量选取。

③ 所有开关柜体都应安装带电显示器，要求带二次核相孔。

④ 电缆头选择 630A 及以下电缆头，并应满足热稳定要求。

⑤ 开关柜进出线应配置电缆故障指示器。

（3）气体绝缘断路器柜

① 气体绝缘断路器柜内选用优质断路器，操动机构一般采用弹簧储能机构。

② 所有开关柜体都应安装带电显示器，要求带二次核相孔。

③ 气体绝缘断路器柜宜采用独立单元式（分体式）柜型。

④ 每个充气单元宜设置气压指示表或气体密度继电器和过气压保护（泄放）装置，气体绝缘开关柜应配置 SF_6 气体监测设备。

⑤ 电缆头选择 630A 及以下电缆头，并应满足热稳定要求。

（4）固体绝缘断路器柜

① 固体绝缘断路器柜内选用优质真空断路器，操动机构一般采用弹簧储能机构。

② 所有开关柜体都应安装带电显示器，要求带二次核相孔。

③ 固体绝缘断路器柜宜采用独立单元式（分体式）柜型。

④ 选择 630A 及以下电缆头，并应满足热稳定要求。

7. 二次部分

（1）保护及自动装置配置

① 配置继电保护装置的 10kV 环网单元宜选用测控保护一体化装置。

② 宜选用微机型测控保护装置，并设有通信接口，需要时所有信息均可通过接口上传。

（2）电能计量

① 可增设 10kV 电压互感器柜，接在 10kV 母线上，设置计量专用二次绕组，用于电能计量。

② 进出线配置三只电流互感器，设置计量专用二次绕组，用于电能计量。

③ 互感器二次额定负载根据实际负载计算确定，并留有一定的裕度。

④ 可根据实际需要选配专用计量柜。

（3）直流电源

直流系统额定电压宜为 48V，采用高频开关电源模块和阀控式铅酸蓄电池组，蓄电池容量按事故放电时间不小于 2h 考虑，其容量按远景 8 间隔进行确定，但一般不小于 20A·h。

（4）配电自动化

预留配电自动化终端装置安装位置，用于中低压电网的各种远方监测、控制，环网单元配置 DTU 终端，主要完成现场信息的采集处理及监控。

（二）常见设计质量问题

（1）短路计算未考虑配网规划及负荷发展需求，导致设备无法满足未来负荷增容及扩建需求。

（2）电器正常使用环境条件为温度不超过 40℃、海拔不超过 1000m，超出此运行条件，未对额定电流、绝缘等进行修正。

（3）未根据站址区域污秽等级调整设备外绝缘爬距，导致爬距选择过小，可能出现闪络。

2.4.9 电缆分支箱

10kV 电缆分支箱用于非主干回路的分支线路，作为末端负荷接入用电使用，适用于在中小客户集中区域进行负荷分接时的接入用电，不应接入主干环网。电缆分支箱外形示意图如图 2-21 所示，电缆分支箱接线示意图如图 2-22 所示。

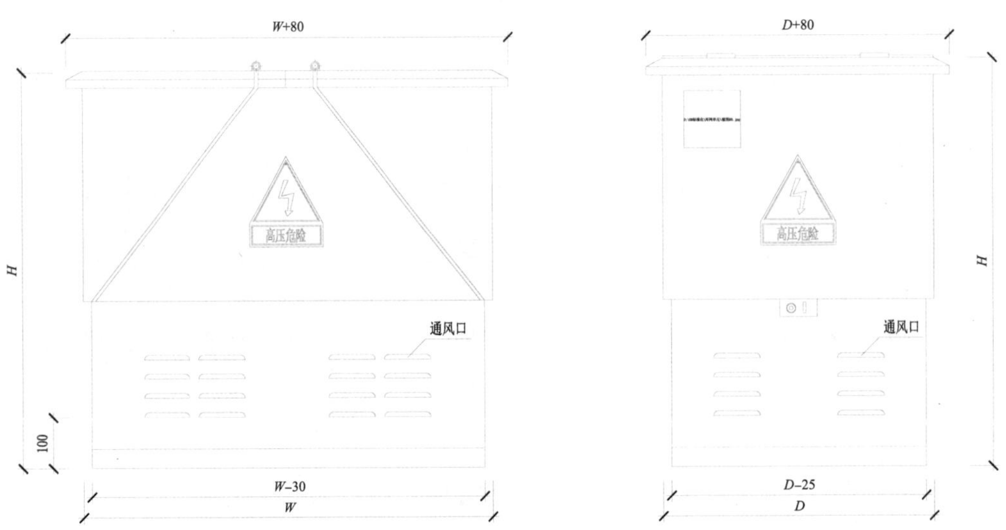

图 2-21　电缆分支箱外形示意图（单位：mm）

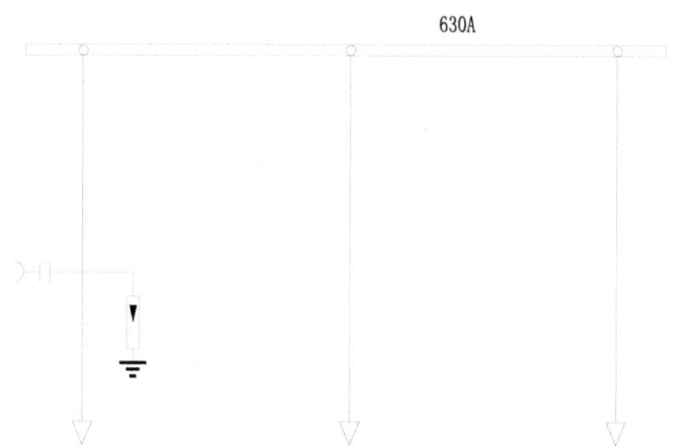

图 2-22　电缆分支箱接线示意图（一进两出，不带开关为例）

（一）设计要点

1. 电气主接线

10kV 电缆分支箱通常采用电缆进线 1 回，出线 2 回或 4 回，出线回路数可根据使用需要选用，进出线通常配置隔离开关或不带开关。

2. 额定电流

额定电流为 630A。

3. 防护等级

分接箱外壳材质选用不低于 3mm 厚的 304 号不锈钢板，防护等级为 IP43。

4. 其他要求

① 采用全绝缘、全封闭、全屏蔽可触摸式结构，以及采取防凝露、防内部故障电弧外泄等措施。

② 在小电阻接地系统中，应装设的电缆分支箱周围需设置不低于 1.7m 的安全栅状遮拦，遮拦与电气设备外壳的距离宜为 0.8m。当条件不允许时，可改设网状遮拦，遮拦与电气设备外壳的距离可缩至 0.2m。遮拦宜装设可加锁的门，并按规定设置安全标志牌。

③ 进、出线电缆敷设完毕后，应在其进线装设避雷器、带电显示器；在出线装设故障指示器。

（二）常见设计质量问题

（1）在小电阻接地系统中，未在分支箱周围装设防护遮拦，造成安全隐患。

（2）电缆分支箱内未接入电缆处未加装封堵，考虑防火及防水等需求，应在此处加装封堵。

第 3 章 中压电缆工程建设与验收

3.1 电缆本体及附件工厂监造及到货验收

在电缆本体及附件工厂监造及到货验收环节最容易发现缺陷，处理缺陷成本也最低。严格按照相关标准要求对电缆本体及附件进行工厂监造及到货验收，是保障电缆工程质量的重要手段。本节主要收录电缆及附件制造、出厂及运输、到货过程中的典型缺陷，并对缺陷描述、判定及处置建议进行说明。

3.1.1 电缆工厂监造和出厂验收

电缆工厂监造和出厂验收如表 3-1 所示。

表 3-1 电缆工厂监造和出厂验收

序号	验收内容	关键点	缺陷举例
3.1.1	电缆工厂监造和出厂验收	铜杆拉制； 导体绞制； 三层共挤； 金属屏蔽； 外护套； 出厂验收	1. 铜线起皮和有毛刺； 2.20℃导体直流电阻超标； 3. 导体弯曲； 4. 导体有毛刺； 5. 绝缘偏心度不达标； 6. 绝缘最薄点厚度不合格； 7. 绝缘热延伸不合格； 8. 导体屏蔽层内嵌； 9. 金属屏蔽接头不良； 10. 金属屏蔽起皱； 11. 外护套最薄点厚度不合格； 12. 局部放电试验不合格

（一）铜线起皮和有毛刺

1）缺陷名称

铜线起皮和有毛刺。

2）缺陷描述

检查铜线外观时发现有起皮和有毛刺。

3）缺陷照片

铜线起皮、有毛刺的照片如图 3-1 所示。

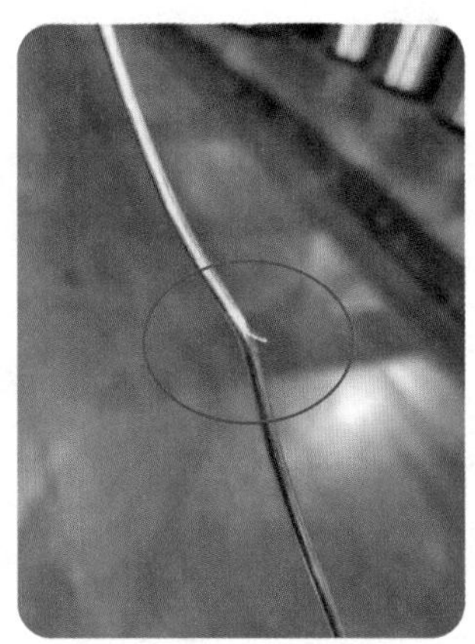
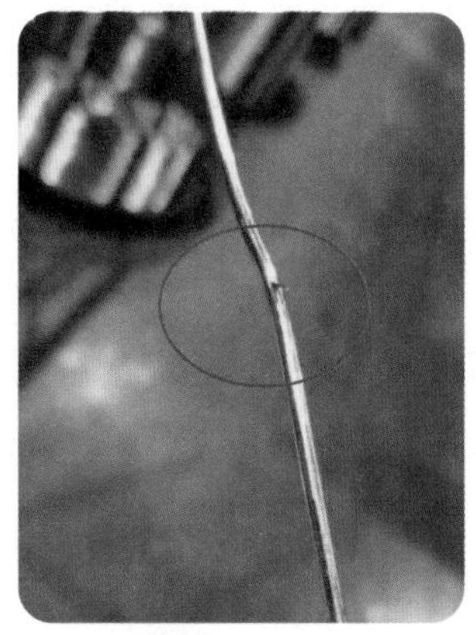

图 3-1　铜线起皮、有毛刺

4）缺陷判定依据

《电工圆铜线》（GB/T 3953—2009）第八章："圆铜线表面应光洁，不应有与良好工业品不相称的任何缺陷。"检验方法：目视检查。

5）可能造成的危害

铜线成分中如果掺入杂铜，就会出现起皮和有毛刺现象，导体绞制过程中或后续使用中断线，从而影响导体电阻；毛刺处电场易集中，造成尖端放电，进而导致中压交联电缆绝缘击穿。

6）处置建议及示范案例

处置建议：

全部检查同批次所有单线外观，剔除外观有缺陷的盘数。

示范案例：

正常铜线表面如图 3-2 所示。

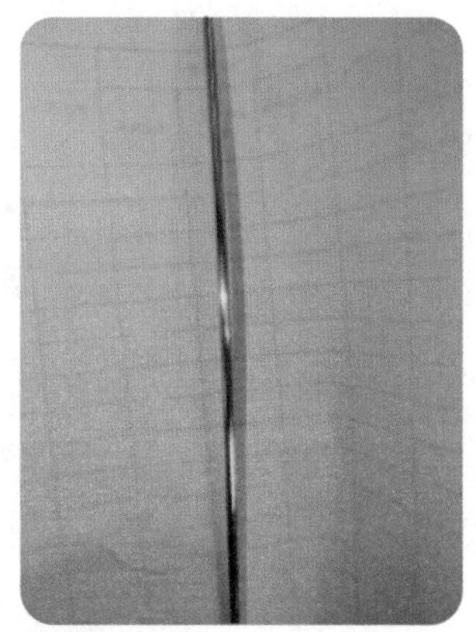

图 3-2　正常铜线表面

（二）20℃导体直流电阻超标

1）缺陷名称

20℃导体直流电阻超标。

2）缺陷描述

20℃导体直流电阻超出标准最大值要求。以 $300mm^2$ 电缆导体为例：20℃导体直流电阻标准要求是 0.0601Ω/km，取样 1m 样品实测为 0.060242Ω/km。

3）缺陷照片

导体直流电阻测试不合格照片如图 3-3 所示。

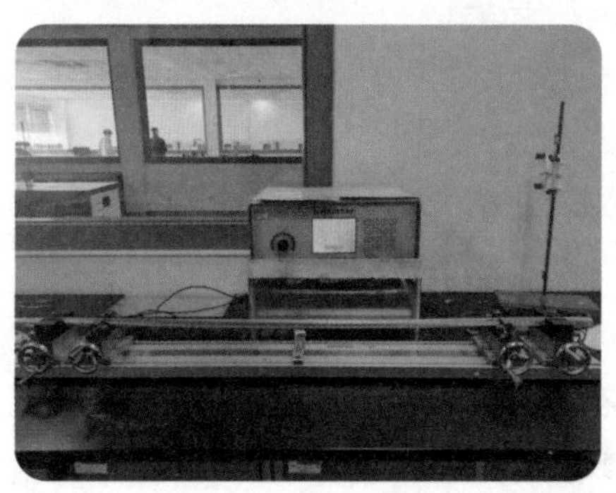

（a）导体直流电阻测试设备及样品

（b）导体直流电阻测试结果

图 3-3　导体直流电阻测试不合格

4）缺陷判定依据

《电缆的导体》（GB/T 3956—2008）第七章表 2 “单芯和多芯电缆用第 2 种绞合导体”中对退火铜导体最大电阻值的规定。检验方法：样品在恒温室恒温后采用直流电阻电桥测试。

5）可能造成的危害

当导体直流电阻超标时，会增大电功率在线路上的损耗，加剧电缆发热，加速绝缘老化，额定载流量减少，严重的话会导致绝缘过热而燃烧，引起火灾。

6）处置建议及示范案例

处置建议：

大截面导体直流电阻测试容易形成误差，当测试发现电阻不合格时，应谨慎确认测试过程，如果再次检测仍不合格，应剔除电阻偏大的导体。

示范案例：

导体直流电阻测试合格的照片如图 3-4 所示。

图 3-4　导体直流电阻测试合格（300mm² 电阻测试值为 0.05932Ω/km）

（三）导体弯曲

1）缺陷名称

导体弯曲。

2）缺陷描述

导体放线时出现弯曲、呈蛇形。

3）缺陷照片

导体弯曲的照片如图 3-5 所示。

图 3-5　导体弯曲

4）缺陷判定依据

导体应圆整平直，不得出现弯曲和蛇形。

5）可能造成的危害

导体弯曲易引起交联绝缘偏心度不合格。

6）处置建议及示范案例

处置建议：

确保排线质量，同批次产品应全部检验，剔除不良品。

示范案例：

导体不弯曲的照片如图 3-6 所示。

图 3-6　导体不弯曲

（四）导体有毛刺

1）缺陷名称

导体有毛刺。

2）缺陷描述

导体绞制过程中单丝经过拉拔后出现毛刺。

3）缺陷照片

导体有毛刺的照片如图 3-7 所示。

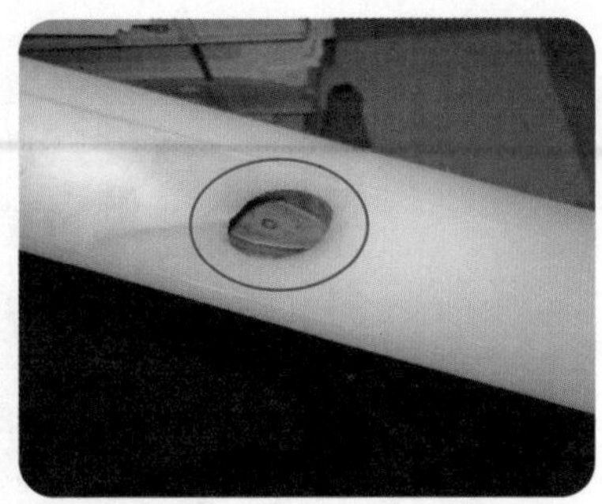

图 3-7　导体有毛刺

4）缺陷判定依据

《额定电压 1kV 及以下架空绝缘电缆》（GB/T 12527—2008）和《额定电压 10kV 架空绝缘电缆》（GB/T 14049—2008）中规定：导体表面应光洁、无油污，无损伤绝缘的毛刺、锐边以及凸起或断裂单丝。

5）可能造成的危害

毛刺处电场易集中，造成尖端放电，进而导致中压交联电缆绝缘被击穿。

6）处置建议及示范案例

处置建议：

应全部检验同批次产品，剔除不良品。

示范案例：

正常导体表面的照片如图 3-8 所示。

图 3-8　正常导体表面

（五）绝缘偏心度不达标

1）缺陷名称

绝缘偏心度不达标。

2）缺陷描述

绝缘偏心度大于标准要求（包括国网协议），以 ZC-YJV22 26/35kV 3*400 为例，在《国家电网有限公司企标标准》（Q/GDW 13239.2—2018）中规定：35kV 电力电缆采购标准中要求偏心度不大于 10%，实际测试结果为 10.5%。

3）缺陷照片

绝缘偏心度不合格的照片如图 3-9 所示，绝缘偏心度不达标测试结果记录如表 3-2 所示。

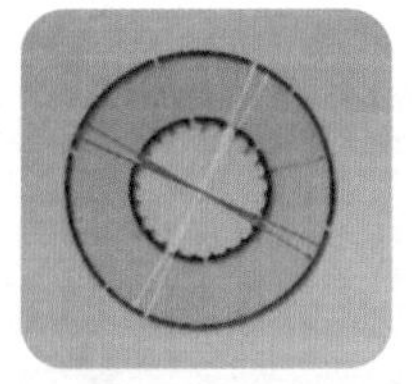

图 3-9　绝缘偏心度测试样片

表 3-2 绝缘偏心度不达标测试结果记录

型号	ZC-YJV22	规格	3*400	电压等级				26/35kV				
结构	试验项目	单位	标准要求	试验结果								
导体屏蔽层	导体屏蔽层厚度	mm	标称 0.75	1	2	3	4	5	6	最小	最大	平均
		mm	最小 0.50	0.874	0.926	0.957	0.989	0.959	0.940	0.874	0.989	0.941
绝缘层	绝缘层厚度	mm	标称 10.5	1	2	3	4	5	6	最小	最大	平均
		mm	最小 9.35	10.320	10.470	10.764	10.660	11.531	10.774	10.320	11.531	10.753
	绝缘偏心度	%	≤ 10	10.5								
绝缘屏蔽层	绝缘屏蔽层厚度	mm	标称 0.7	1	2	3	4	5	6	最小	最大	平均
		mm	最小 0.50	0.699	0.827	0.939	1.018	0.899	0.870	0.699	1.018	0.875

4）缺陷判定依据

《额定电压 1kV（U_m=1.2kV）到 35kV（U_m=40.5kV）挤包绝缘电力电缆及附件 第 2 部分：额定电压 6kV（U_m=7.2kV）到 30kV（U_m=36kV）电缆》和《额定电压 1kV（U_m=1.2kV）到 35kV（U_m=40.5kV）挤包绝缘电力电缆及附件 第 3 部分：额定电压 35kV（U_m=40.5kV）电缆》中第 17.5.2 条要求："绝缘偏心度不大于 15%"。35kV 电力电缆采购标准中要求偏心度不大于 10%，偏心度 =（最大厚度 – 最小厚度）/ 最大厚度。检验方法：在绝缘样品试片上均匀量取 6 点绝缘厚度，分别取最小厚度值和最大厚度值进行计算。

5）可能造成的危害

如果绝缘偏心度不达标，在交变电压的作用下，绝缘层的电场分布不均，对电缆绝缘层造成破坏，影响电缆的安全运行。

6）处置建议及示范案例

处置建议：

应全部检验同批次产品，剔除不良品。

示范案例：

绝缘偏心度测试合格的数据如表 3-3 所示。

表 3-3　绝缘偏心度测试合格

<table>
<tr><td>型号</td><td>ZC-YJV22</td><td>规格</td><td>3*400</td><td colspan="4">电压等级</td><td colspan="5">26/35kV</td></tr>
<tr><td>结构</td><td>试验项目</td><td>单位</td><td>标准要求</td><td colspan="9">试验结果</td></tr>
<tr><td rowspan="2">导体屏蔽层</td><td rowspan="2">导体屏蔽层厚度</td><td>mm</td><td>标称值 0.75</td><td>1</td><td>2</td><td>3</td><td>4</td><td>5</td><td>6</td><td>最小值</td><td>最大值</td><td>平均值</td></tr>
<tr><td>mm</td><td>最小值 0.50</td><td>0.874</td><td>0.926</td><td>0.957</td><td>0.989</td><td>0.959</td><td>0.940</td><td>0.874</td><td>0.989</td><td>0.941</td></tr>
<tr><td rowspan="3">绝缘层</td><td rowspan="2">绝缘层厚度</td><td>mm</td><td>标称值 10.5</td><td>1</td><td>2</td><td>3</td><td>4</td><td>5</td><td>6</td><td>最小值</td><td>最大值</td><td>平均值</td></tr>
<tr><td>mm</td><td>最小值 9.35</td><td>10.550</td><td>10.670</td><td>10.664</td><td>10.700</td><td>11.155</td><td>10.774</td><td>10.55</td><td>11.155</td><td>10.752</td></tr>
<tr><td>绝缘偏心度</td><td>%</td><td>≤ 10</td><td colspan="9">5.424</td></tr>
<tr><td rowspan="2">绝缘屏蔽层</td><td rowspan="2">绝缘屏蔽层厚度</td><td>mm</td><td>标称值 0.7</td><td>1</td><td>2</td><td>3</td><td>4</td><td>5</td><td>6</td><td>最小值</td><td>最大值</td><td>平均值</td></tr>
<tr><td>mm</td><td>最小值 0.50</td><td>0.699</td><td>0.827</td><td>0.939</td><td>1.018</td><td>0.899</td><td>0.870</td><td>0.699</td><td>1.018</td><td>0.875</td></tr>
</table>

（六）绝缘最薄点厚度不合格

1）缺陷名称

绝缘最薄点厚度不合格。

2）缺陷描述

绝缘最薄点厚度低于标准要求，以 8.7/15kV 电缆为例，绝缘标称厚度为 4.5mm，绝缘最薄点厚度要求不小于 3.95mm。实际测试值为 3.92mm。

3）缺陷照片

绝缘最薄点厚度不合格照片如图 3-10 所示。

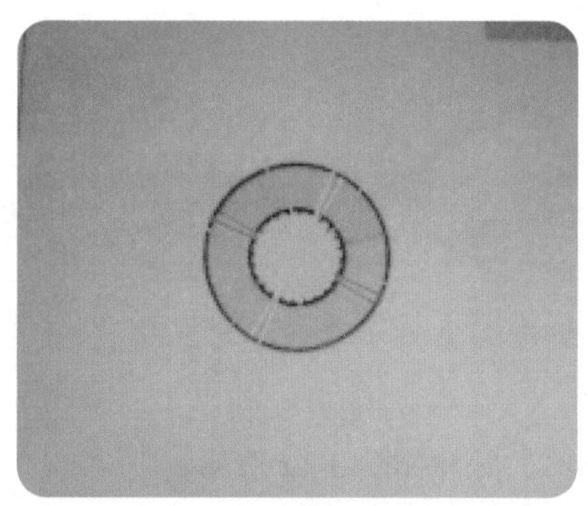

图 3-10 绝缘最薄点厚度不合格

4）缺陷判定依据

《额定电压 1kV（U_m=1.2kV）到 35kV（U_m=40.5kV）挤包绝缘电力电缆及附件 第 2 部分：额定电压 6kV（U_m=7.2kV）到 30kV（U_m=36kV）电缆》中第 17.5.2 条要求："绝缘最薄点厚度不小于标称值的 90%-0.1mm"。检验方法：在绝缘样品试片上均匀量取 6 点绝缘厚度，最小厚度应大于标准要求最小值的规定。

5）可能造成的危害

绝缘最薄点厚度偏小会影响绝缘耐压水平，减少电缆产品的使用寿命。

6）处置建议及示范案例

处置建议：

应全部检验同批次产品，剔除不良品。

示范案例：

绝缘最薄点厚度测试合格的照片如图 3-11 所示。

图 3-11 绝缘最薄点厚度测试合格

（七）绝缘热延伸不合格

1）缺陷名称

绝缘热延伸不合格。

2）缺陷描述

绝缘热延伸测试超出标准要求载荷下最大伸长率 175% 或断裂。

3）缺陷照片

绝缘热延伸测试不合格的照片如图 3-12 所示。

（a）绝缘热延伸试验前样片

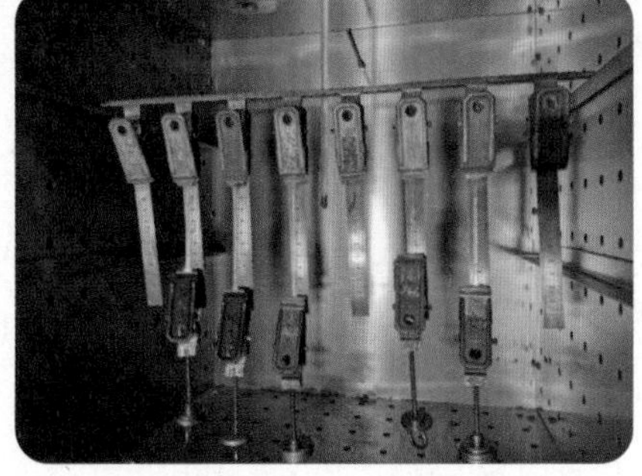

（b）绝缘热延伸试验结果

图 3-12　绝缘热延伸测试不合格

4）缺陷判定依据

《额定电压 1kV（U_m=1.2kV）到 35kV（U_m=40.5kV）挤包绝缘电力电缆及附件　第 2 部分：额定电压 6kV（U_m=7.2kV）到 30kV（U_m=36kV）电缆》和《额定电压 1kV（U_m=1.2kV）到 35kV（U_m=40.5kV）挤包绝缘电力电缆及附件　第 3 部分：额定电压 35kV（U_m=40.5kV）电缆》中第 17.10.2 条要求："热延伸试验：载荷下最大伸长率 175%，冷却后最大永久伸长率 15%"。检验方法：取绝缘哑铃型试样放在 200℃烘箱中，15 分钟后，测试负载下和冷却后的伸长率，即热延伸。

5）可能造成的危害

热延伸不合格缺陷说明绝缘交联度不足，绝缘耐热性和机械强度偏差，会直接影响电缆使用寿命。

6）处置建议及示范案例

处置建议：

应全部检验同批次产品，剔除不良品。

示范案例：

绝缘热延伸试验合格的照片如图 3-13 所示。

图 3-13 绝缘热延伸试验合格

（八）导体屏蔽层内嵌

1）缺陷名称

导体屏蔽层内嵌。

2）缺陷描述

电缆三层共挤导体屏蔽与绝缘界面存在导体绞线纹理，出现尖角、内嵌。

3）缺陷照片

导体屏蔽层内嵌的照片如图 3-14 所示。

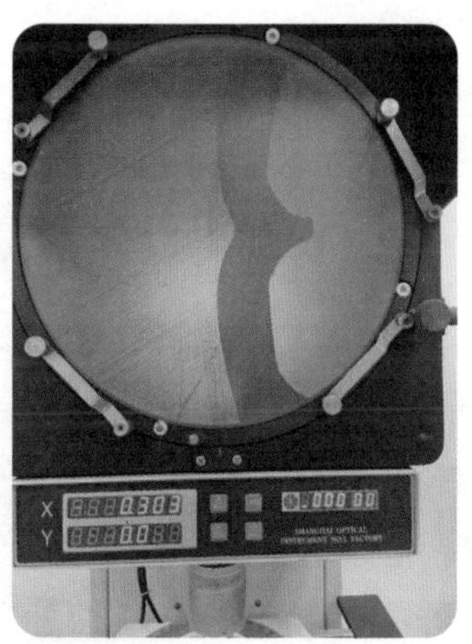

图 3-14 导体屏蔽层内嵌

4）缺陷判定依据

《额定电压 1kV（U_m=1.2kV）到 35kV（U_m=40.5kV）挤包绝缘电力电缆及附件 第 2 部分：额定电压 6kV（U_m=7.2kV）到 30kV（U_m=36kV）电缆》和《额定电压 1kV（U_m=1.2kV）到 35kV（U_m=40.5kV）挤包绝缘电力电缆及附件 第 3 部分：额定电压 35kV（U_m=40.5kV）电缆》中第 7.2 条要求："挤包半导电层应与绝缘紧密

结合，其与绝缘层的界面应光滑、无明显绞线凸纹，不应有尖角、颗粒、烧焦或擦伤的痕迹。”检验方法：对交联线芯进行切片处理，采用数字显微镜投影判断。

5）可能造成的危害

无法均匀线芯外表面电场，造成导体和绝缘发生局部放电，直接影响电缆的使用寿命。

6）处置建议及示范案例

处置建议：

应全部检验同批次产品，剔除不良品。

示范案例：

导体屏蔽层合格的照片如图 3-15 所示。

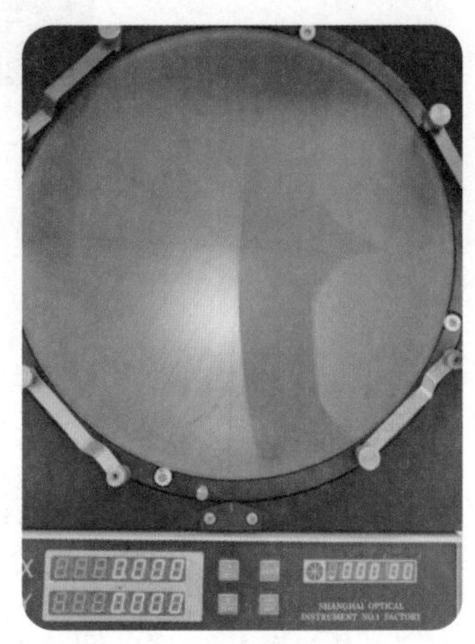

图 3-15　导体屏蔽层合格

（九）金属屏蔽接头不良

1）缺陷名称

金属屏蔽接头不良。

2）缺陷描述

铜带接头存在破洞、不平整问题。

3）缺陷照片

金属屏蔽接头不良的照片如图 3-16 所示。

图 3-16　金属屏蔽接头不良

4）缺陷判定依据

根据行业要求：

① 铜带正常换带接头：接头必须用点焊机焊接，铜带接头时应以 45° 角裁切后点焊连接，重叠部分不小于 20mm。焊接牢固，经过焊接绕包后的线芯表面平整，无尖角、毛刺等。

② 正常绕包时铜带断裂接头：采用锡焊焊接，接头处应用铜带从一端绕包到另一端，接头两端铜带搭盖至少 50mm。锡焊应位于铜带之间，锡焊焊接应平整，用尽可能短的时间完成焊接，锡焊应牢固、无尖角，搭盖不小于 50mm。焊接牢固，经过焊接绕包后的线芯表面平整、无尖角、毛刺等。

5）可能造成的危害

若铜带屏蔽接头处因焊接不良导致断裂，则可能从铜带屏蔽层非接地端流向接地端的充电电流会在铜带屏蔽层断裂处强行通过外半导电层流过，使该处外半导电层发热，温度上升。此时温度会很高，使铜带屏蔽层断裂处的外半导电层急剧老化。上述状态持续继续发展，会使外半导电层的电阻进一步增大，在铜带屏蔽层断裂处，铜带屏蔽层非接地端与接地端之间产生电位差，发生的放电现象进一步加速电缆从绝缘体表层开始老化，直至绝缘被破坏。

6）处置建议及示范案例

处置建议：

应全部检验同批次产品，缺陷产品进行返工。

示范案例：

铜带屏蔽接头良好的照片如图 3-17 所示。

图 3-17 铜带屏蔽接头良好

（十）金属屏蔽起皱

1）缺陷名称

金属屏蔽起皱。

2）缺陷描述

铜带屏蔽绕包表面不平整、起皱。

3）缺陷照片

金属屏蔽起皱的照片如图 3-18 所示。

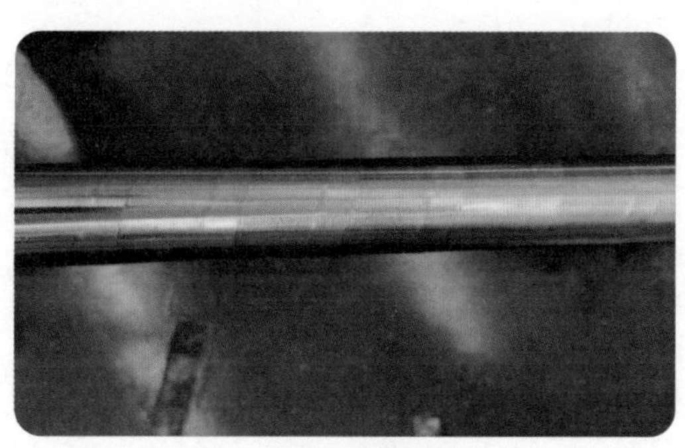

图 3-18 金属屏蔽起皱

4）缺陷判定依据

根据行业要求，铜带绕包平整，不得有卷边、翘边等现象。

5）可能造成的危害

起皱严重会造成绝缘屏蔽受损，进而导致绝缘表面电场不均，无法满足与金属屏蔽层等电位，造成局部放电，影响电缆使用寿命。

6）处置建议及示范案例

处置建议：

应全部检验同批次产品，缺陷产品进行返工。

示范案例：

铜带屏蔽绕包良好的照片如图 3-19 所示。

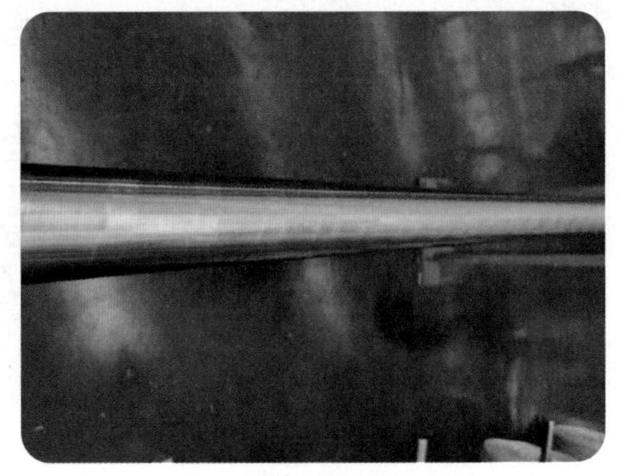

图 3-19　铜带屏蔽绕包良好

（十一）外护套最薄点厚度不合格

1）缺陷名称

外护套最薄点厚度不合格。

2）缺陷描述

电缆外护套最薄点厚度低于标准要求，以 ZC-YJV22 26/35kV 3*400 为例：电缆外护套标准要求最薄点厚度应为 3.80mm，实测最薄点厚度为 3.76mm。

3）缺陷照片

外护套最薄点厚度测试不合格的照片如图 3-20 所示，外护套最薄点厚度测试不合格数据如表 3-4 所示。

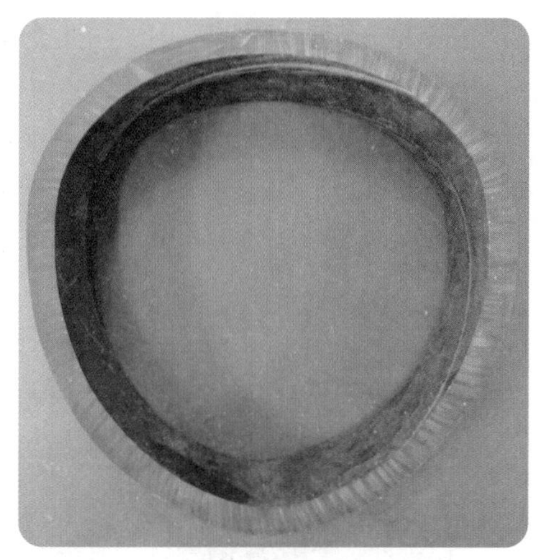

图 3-20 外护套最薄点厚度不合格

表 3-4 外护套最薄点厚度测试不合格数据

型号	ZC-YJV22	规格	3*400	电压等级					26/35kV			
结构	试验项目	单位	标准要求	试验结果								
外护套	外护套厚度	mm	标称值 5.0	1	2	3	4	5	6	最小值	最大值	平均值
		mm	最小值 3.80	4.98	4.64	3.76	3.95	4.32	4.78	3.76	4.98	4.405

4）缺陷判定依据

《额定电压 1kV（U_m=1.2kV）到 35kV（U_m=40.5kV）挤包绝缘电力电缆及附件 第 3 部分：额定电压 35kV（U_m=40.5kV）电缆》中第 17.5.3 条要求："非金属护套厚度最小测量值不应小于规定标称值的 80%−0.2mm。"检验方法：在护套样品试片上均匀量取 6 点护套厚度，最小厚度应大于标准要求最小值的规定。

5）可能造成的危害

电缆外护套最薄点厚度不合格缺陷影响外护套机械水平，降低护套的机械防火性能，增加敷设难度。

6）处置建议及示范案例

处置建议：

同批次产品全部检验，缺陷产品重新进行外护套生产。

示范案例：

外护套厚度测试合格的照片如图 3-21 所示。

图 3-21　外护套厚度测试合格

（十二）局部放电试验不合格

1）缺陷名称

局部放电试验不合格。

2）缺陷描述

电缆在进行局部放电试验时，未达到 $1.73U_0$，产生放电。

3）缺陷照片

局部放电试验不合格的照片如图 3-22 所示。

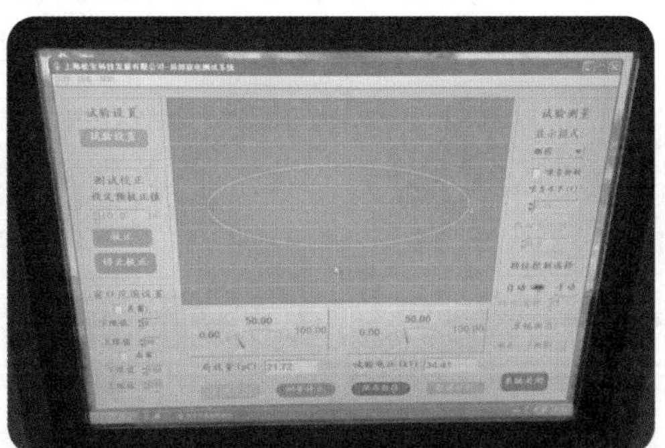

图 3-22　局部放电试验不合格

4）缺陷判定依据

《额定电压 1kV（U_m=1.2kV）到 35kV（U_m=40.5kV）挤包绝缘电力电缆及附件　第 2 部分：额定电压 6kV（U_m=7.2kV）到 30kV（U_m=36kV）电缆》和《额定电

压 1kV（U_m=1.2kV）到 35kV（U_m=40.5kV）挤包绝缘电力电缆及附件　第 3 部分：额定电压 35kV（U_m=40.5kV）电缆》中第 16.3 条要求："在 1.73U_0 下，应无任何由被试电缆产生的超过声明试验灵敏度 10pC 或更优的可监测到的放电。" 检验方法：局部放电试验。

5）可能造成的危害

强烈的局部放电对于绝缘介质影响较大。它的持久性存在对绝缘材料将产生较大的破坏作用，导致绝缘击穿。

6）处置建议及示范案例

处置建议：

同批次产品全部检验，剔除不良品。

示范案例：

局部放电试验测试合格的照片如图 3-23 所示。

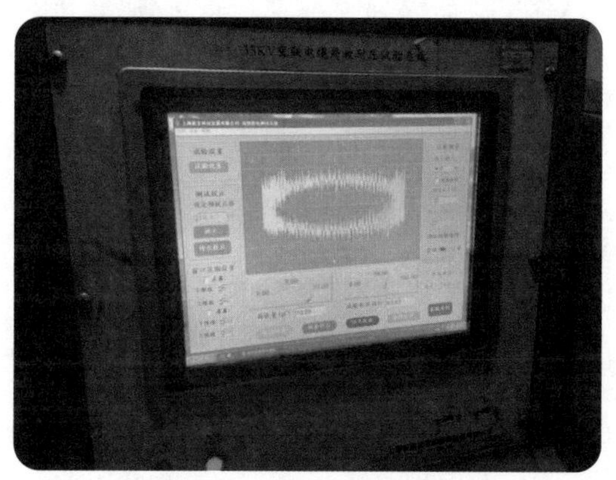

图 3-23　局部放电试验测试合格

3.1.2　电缆到货验收

电缆到货验收内容如表 3-5 所示。

表 3-5　电缆到货验收

序号	验收内容	关键点	缺陷举例
3.1.2	电缆到货验收	货物外包装、外观、放置方式及技术文件	1. 电缆盘未可靠固定； 2. 电缆盘上电缆保护不完善； 3. 电缆封头帽密封不良； 4. 电缆盘无合格证； 5. 电缆到货验收试验不合格

（一）电缆盘未可靠固定

1）缺陷名称

电缆盘未可靠固定。

2）缺陷描述

电缆盘直接放置在地面上，未可靠固定。

3）缺陷照片

电缆盘未可靠固定的照片如图 3-24 所示。

图 3-24 电缆盘未可靠固定

4）缺陷判定依据

《电气装置安装工程电缆线路施工及验收标准》（GB 50168—2018）第 4.0.5-1 条：“电缆应集中分类存放，并应标明额定电压、型号规格、长度；电缆盘之间应有通道；地基应坚实，当受条件限制时，盘下应加垫；存放处应保持通风、干燥，不得积水。”

5）可能造成的危害

电缆盘如果不稳固，易发生滚转，撞击周围物品、人员，造成周围物品、电缆盘受损，以及人员受伤。

6）处置建议及示范案例

处置建议：

电缆盘放置妥当，可靠固定。

示范案例：

电缆盘可靠固定的照片如图 3-25 所示。

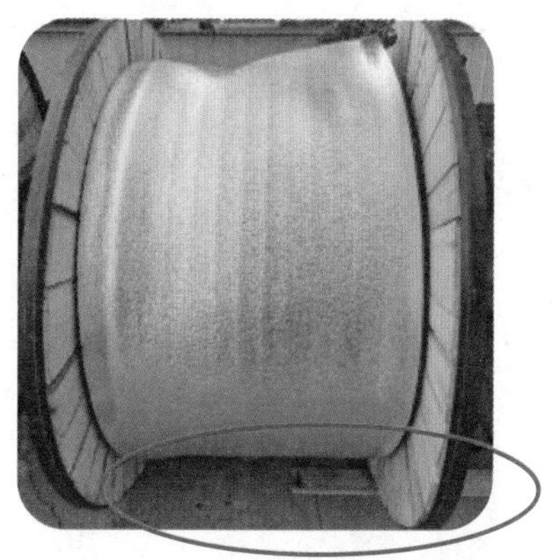

图 3-25 电缆盘可靠固定

（二）电缆盘上电缆保护不完善

1）缺陷名称

电缆盘上电缆保护不完善。

2）缺陷描述

电缆盘上部分电缆裸露在外面，无保护层。

3）缺陷照片

电缆盘上电缆保护不完善的照片如图 3-26 所示。

图 3-26 电缆盘上电缆保护不完善

4）缺陷判定依据

《电气装置安装工程电缆线路施工及验收标准》（GB 50168—2018）第 4.0.2 条："在运输装卸过程中，应避免电缆及电缆盘受到损伤。电缆盘不应平放运输、平放贮存。"

5）可能造成的危害

电缆盘上电缆无保护层，易造成电缆受损。

6）处置建议及示范案例

处置建议：

电缆盘上电缆需全部用保护层包覆。

示范案例：

电缆盘上电缆保护层完好的照片如图 3-27 所示。

图 3-27　电缆盘上电缆保护层完好

（三）电缆封头帽密封不良

1）缺陷名称

电缆封头帽密封不良。

2）缺陷描述

电缆牵引端或尾端密封出现热缩套脱落等情况，疑似出现密封不良的情况。

3）缺陷照片

电缆封头帽密封不良的照片如图 3-28 所示。

图 3-28　电缆封头帽密封不良

4）缺陷判定依据

《电气装置安装工程电缆线路施工及验收规范》（GB 50168—2018）第 4.0.4-3 条："电缆外观应完好无损，电缆封端应严密，当外观检查有怀疑时，应进行受潮判断或试验。"

5）可能造成的危害

电缆盘上电缆无保护层，易造成电缆受潮。

6）处置建议及示范案例

处置建议：

进行电缆主绝缘电阻测量，若无法满足相关性能要求，应严禁使用并更换电缆。

示范案例：

电缆封头帽密封良好的照片如图 3-29 所示。

图 3-29　电缆封头帽密封良好

（四）电缆盘无合格证

1）缺陷名称

电缆盘无合格证。

2）缺陷描述

电缆到货后，电缆盘缺少合格证，无电缆信息。

3）缺陷照片

电缆盘缺少合格证的照片如图 3-30 所示。

图 3-30　电缆盘缺少合格证

4）缺陷判定依据

《电气装置安装工程电缆线路施工及验收标准》（GB 50168—2018）第 4.0.4-2 条："电缆额定电压、型号规格、长度和包装应符合订货要求。"

5）可能造成的危害

由于电缆盘缺少合格证，无法确认电缆长度、型号等相关参数是否满足电缆工程要求。

6）处置建议及示范案例

处置建议：

检查内部电缆外护套喷码，由电缆厂家确认该盘电缆的长度、型号等相关参数，不符合订货技术参数时应予以更换，避免影响工程进度。

示范案例：

电缆盘张贴对应合格证的照片如图 3-31 所示。

图 3-31　电缆盘张贴对应合格证

（五）电缆到货验收试验不合格

1）缺陷名称

电缆到货验收试验不合格。

2）缺陷描述

电缆到货后，验收试验不合格。

3）缺陷数据

以 ZC-YJV22 8.7/15kV 3*150 为例，电缆到货验收试验不合格如表 3-6 所示。

表 3-6　电缆到货验收试验不合格

电缆型号	ZC-YJV22 8.7/15kV 3*150	
导体结构	第 2 种紧压圆形裸铜导体	
	标准要求	实际测量
20℃导体最大直流电阻	≤ 0.124Ω/km	黄：0.119Ω/km　绿：0.125Ω/km 红：0.121Ω/km
导体根数	≥ 18	黄：30　绿：30　红：30
绝缘最薄点厚度	≥ 3.95mm	黄：4.02mm　绿：4.15mm 红：4.12mm
绝缘平均厚度	≥ 4.5mm	黄：4.6mm　绿：4.7mm 红：4.7mm
绝缘偏心度	≤ 10%	黄：5.4%　绿：6%　红：6.5%
绝缘热延伸	载荷下最大伸长率：不大于 125%	黄：80%　绿：55%　红：65%
	冷却后永久伸长率：不大于 10%	黄：0%　绿：-2.5%　红：-5%

4）缺陷判定依据

《建筑电气工程施工质量验收规范》（GB 50303—2015）第 3.2.1 条：“主要设备、材料、成品、半成品应进场验收合格。”

5）可能造成的危害

到货验收试验不合格项将导致电缆性能无法满足设计要求，易引发电缆故障。

6）处置建议及示范案例

处置建议：

对电缆进行更换，确保电缆结构、参数、性能等满足设计要求。

示范案例：

以 ZC-YJV22 8.715kV 3*400 为例，电缆到货验收试验合格如表 3-7 所示。

表 3-7　电缆到货验收试验合格

序号	电缆型号规格	单位	ZC-YJV22 8.715kV 3*400		
检测项目			要求值	检测结果	单项评定
结构	绝缘线芯颜色		黄、绿、红	黄、绿、红	P
	导体单丝根数	—	最少 53	61	P
	导体屏蔽最薄处厚度	mm	/	0.66	N
	绝缘平均厚度	mm	最小 4.5	4.7	P
	绝缘最薄处厚度	mm	最小 3.95	4.14	P
	绝缘偏心度	%	最大 10	4	P
	绝缘屏蔽最薄处厚度	mm	/	0.82	P
	隔离套最薄处厚度	mm	最小 1.48	1.61	P
	护套颜色	—	黑色	符合	P
	护套最薄处厚度	mm	最小 2.92	3.26	P
	金属屏蔽——铜带最薄处厚度	mm	最小 0.090	0.106	P
	金属屏蔽——铜带间的最小搭盖率	%	最小 5	10	P
	金属铠装——金属带最薄处厚度	mm	最小 0.72	0.78	P
	金属铠装——包带宽度与金属带宽度之比	%	最大 50	37	P
标志	标志内容	—	成品电缆的护套表面应有制造厂名称、产品型号及电压等级的连续标志	符合	P
	标志连续性—— 一个完成标志的末端和下一个完整标志的始端之间的距离	mm	最大 500mm	196	P
	标志耐擦性	—	油墨印字标志应耐擦	通过	P
	标志清晰度	—	所有标志应字迹清楚	通过	P

续表

序号	电缆型号规格	单位	ZC-YJV22 8.715kV 3*400		
电性能	导体直流电阻（20℃）	Ω/km	最大 0.0470	0.0465	P
	交流耐压试验（30.5kV，5min）		不击穿	未击穿	P
	局部放电试验（15.1kV）		试验灵敏度 10pC 或更优，无可视放电	背景灵敏度 2.3pC，无可视放电	P
绝缘机械性能	热延伸试验——				
	负荷下伸长率不大于	%	最大 125	35	P
	冷却后永久伸长率不大于	%	最大 10	0	P

3.1.3　冷缩电缆附件工厂监造和出厂验收

（一）液态硅胶桶变形

1）缺陷名称

液态硅胶桶变形。

2）缺陷描述

液态硅胶桶在装卸或运输过程中，由于外力使硅胶桶受到外力撞击、倾倒磕碰，导致桶壁凹陷变形。

3）缺陷照片

液态硅胶桶变形的照片如图 3-32 所示。

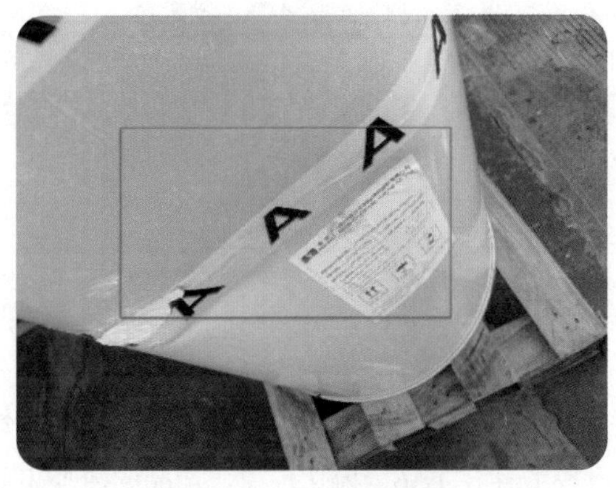

图 3-32　液态硅胶桶变形

4）缺陷判断依据

参考《甲基乙烯基硅橡胶》（GB/T 28610—2020）中 8.1 条："产品采用清洁、干燥、内衬塑料袋的铁桶、纸板桶或纸板箱包装。"根据内部采购检验规范，要求胶桶在运输过程中应避免被磕碰，保证包装木架不散架。

5）可能造成的危害

如果液态硅胶桶变形，装在泵料机上使用时，泵料机的圆形吸料压盘会无法压进硅胶桶，而导致一组组分供料不足，单组分供胶会造成 A/B 胶无法达到 1∶1，硅胶硫化会出现不完全硫化情况，对产品的性能有非常大的影响。且会浪费较多原材料，使生产成本偏高。

6）处置建议

制定严格的来料检验规范，加强原材料的质量管控，与供应商反馈运输过程中需对硅胶桶进行全面防护，对于来料胶桶的严重变形，应予以退货处理。液态硅胶桶的合格包装如图 3-33 所示。

图 3-33 液态硅胶桶的合格包装

（二）半导电硅橡胶硫化成型不良

1）缺陷名称

半导电硅橡胶硫化成型不良。

2）缺陷描述

液态硅胶在半导电成型时，由于 A/B 胶混料不均匀、设备不稳定或受环境等因素的影响，导致半导电成型存在不完全硫化现象，产品的内外表面或内部，存在未硫化胶或半硫化胶，影响生产效率和产品质量。

3）缺陷照片

半导电硅橡胶硫化成型不良的照片如图 3-34 所示。

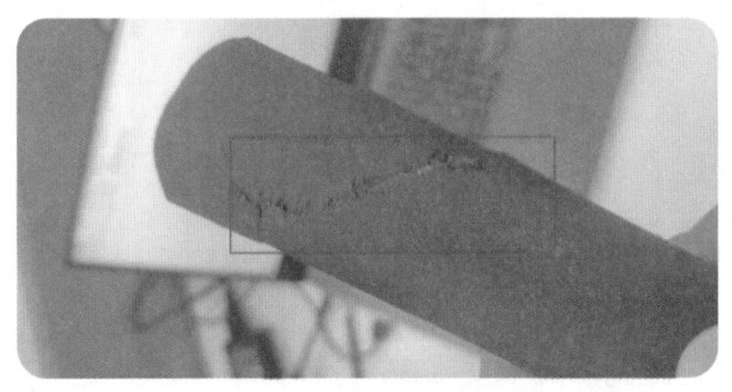

图 3-34 半导电硅橡胶硫化成型不良

4）缺陷判断依据

根据《额定电压 35kV（U_m=40.5kV）及以下冷缩电缆附件技术规范》（T/CEC 118—2016）附录 B 中 B.1，冷缩附件用硅橡胶半导电材料的主要性能要符合该表 B.1 的规定。硫化不完全会导致抗张强度、断裂伸长率、抗撕裂强度和硬度等性能不能达到标准的要求。且根据车间半导电成型作业指导书和检验规范，不完全硫化属于不良范畴。

5）可能造成的危害

当电缆的绝缘屏蔽层切开之后，在外屏蔽端口将产生电应力集中现象，电场突然变化分布畸变，半导电件作为冷缩电缆附件的关键部件，其作用是采用应力锥或内屏蔽管改变电场集中处的几何形状，缓解电场应力集中的现象。

若半导电橡胶件的外表面出现异常，未完全硫化，有凸起不圆滑，会影响电场应力的分布，可能会造成爬电，情况严重时甚至会导致击穿。

6）处置建议

严格按照半导电成型作业指导书作业，制定严格的半导电成型检验规范，加强该半成品的质量管控，对于有异常的半导电橡胶件，若无法修复，应予以报废处理，严禁流入下一道工序。

半导电橡胶件合格品的照片如图 3-35 所示。

图 3-35 半导电橡胶件合格品

（三）半导电件表面有针眼

1）缺陷名称

半导电件表面有针眼。

2）缺陷描述

液态硅胶在半导电成型时，由于模具未清理干净或受环境等因素影响，导致半导电硫化存在点状硫化异常现象，表面出现针眼。

3）缺陷照片

半导电件表面有针眼的照片如图 3-36 所示。

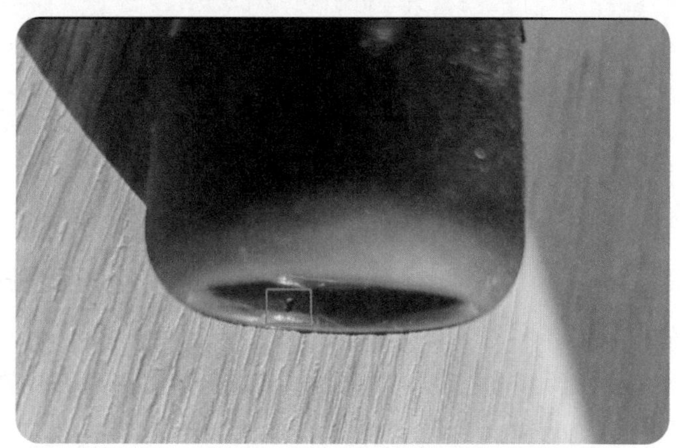

图 3-36　半导电件表面有针眼

4）缺陷判断依据

根据《额定电压 35kV（U_m=40.5kV）及以下冷缩电缆附件技术规范》（T/CEC 118—2016）附录 B 中 B.1，冷缩附件用硅橡胶半导电材料的主要性能要符合表 B.1 的规定。硫化时间会影响抗张强度、断裂伸长率、抗撕裂强度和硬度等性能不能。根据车间半导电成型作业指导书和检验规范，针眼属于不良范畴。

5）可能造成的危害

内屏蔽的端口若出现了针眼，会造成会影响中间接头的电场应力分布异常，可能会造成爬电，情况严重甚至会导致击穿。图 3-37 为中间接头的模拟电场图，内屏蔽管的端口若异常，则会造成该处电场分布异常。

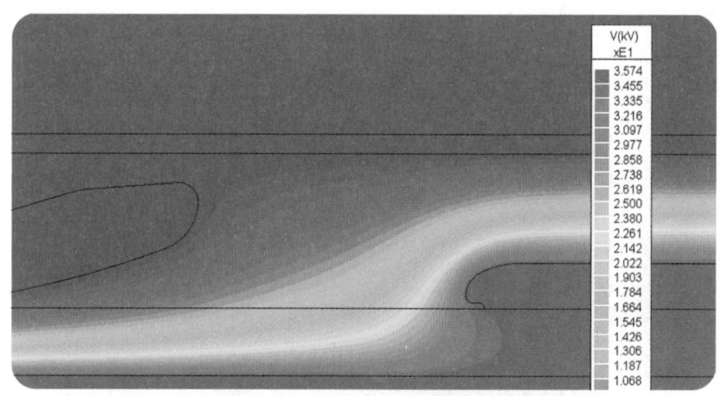

图 3-37 中间接头的模拟电场图

6）处置建议及示范案例

处置建议：

严格按照半导电成型作业指导书作业，制定严格的半导电成型检验规范，加强该半成品的质量管控，对于有异常的半导电硅橡胶件，若无法修复，应予以报废处理，严禁流入下一道工序。

示范案例：

合格的半导电硅橡胶件的照片如图 3-38 所示。

图 3-38 合格的半导电硅橡胶件

（四）半导电件打磨不良

1）缺陷名称

半导电件打磨不良。

2）缺陷描述

半导电成型后，产品表面会有飞边和合缝线，需要经过打磨工序，将这些飞边和合缝线打磨掉，若未打磨或打磨不到位，会影响半导电件的作用。

3）缺陷照片

半导电件打磨不良的照片如图 3-39 所示。

图 3-39　半导电件打磨不良

4）缺陷判断依据

根据车间标准中低压打磨作业指导书和工序质检规范，合模线是打磨工序的重要部位，打磨时需将合模线打磨掉，手摸应无台阶，表面光滑。不允许过度打磨出现凹坑，更严禁存在尖角。

5）可能造成的危害

尖端放电是在强电场作用下，尖锐部分发生的一种放电现象。尖端附近的电场特别强，就会发生尖端放电。半导电件表面的尖端会导致很大概率的击穿。

6）处置建议及示范案例

处置建议：

严格按照半导电打磨作业指导书作业，制定严格的半导电打磨检验规范，加强该半成品的质量管控。对于未打磨的半导电橡胶件，应进行返工处理，严禁流入下一道工序。若半导电橡胶件打磨不合格，则予以报废处理。

示范案例：

半导电件打磨合格品的照片如图 3-40 所示。

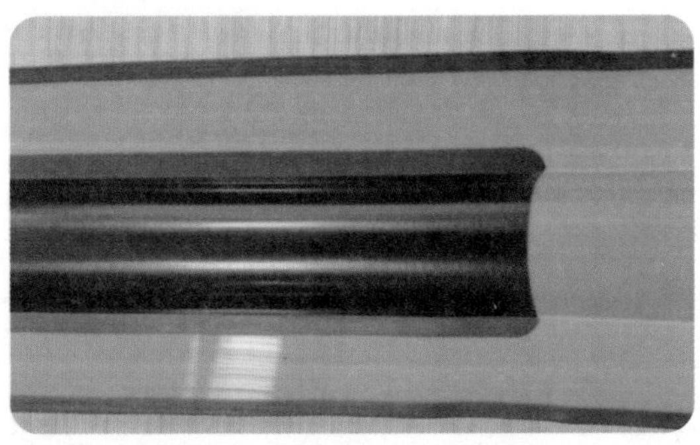

图 3-40　半导电件打磨合格品

（五）绝缘与半导电黏结不良

1）缺陷名称

绝缘与半导电黏结不良。

2）缺陷描述

半导电件清洗后，在车间流转过程中表面被污染，或者绝缘 AB 胶混料不均匀，造成半导电硅件表面的绝缘不能正常硫化，导致绝缘和半导电的黏结不良。

3）缺陷照片

图 3-41 绝缘和半导电黏结不良

4）缺陷判断依据

根据《额定电压 35kV（U_m=40.5kV）及以下冷缩电缆附件技术规范》（T/CEC 118—2016）附录 B 中 B.1，冷缩附件用硅橡胶绝缘材料的主要性能要符合表 B.1 的规定。硫化时间会影响抗张强度、断裂伸长率、抗撕裂强度和硬度等性能。且根据车间绝缘成型作业指导书和检验规范，绝缘胶和半导电胶的黏结不良属于不良范畴。

5）可能造成的危害

黏结不良会导致绝缘胶和半导电胶无法有效黏结，扩张时，会将该无效黏结放大，甚至会导致产品开裂。在电气方面，可能会导致爬电，严重时甚至会导致产品击穿。

6）处置建议及示范案例

处置建议：

严格按照半导电清洗作业指导书作业，制定严格的半导电清洗检验规范，加强该半成品的质量管控。在车间流转过程中，防止半导电表面被异物或含硫气体污染。若受到污染，则需重新清洗。

示范案例：

绝缘与半导电黏结合格的照片如图 3-42 所示。

图 3-42　绝缘与半导电黏结合格

（六）指套扩张开裂不良

1）缺陷名称

指套扩张开裂不良。

2）缺陷描述

指套在成型过程中，由于注胶不稳定或修剪飞边误伤产品，产品上有细微开裂或划伤，经过扩张工序后，细微开裂或划伤会被放大，严重时会造成指套开裂。

3）缺陷照片

指套扩张开裂不良的照片如图 3-43 所示。

图 3-43　指套扩张开裂不良

4）缺陷判断依据

根据《额定电压 35kV（U_m=40.5kV）及以下冷缩电缆附件技术规范》（T/CEC 118—2016）附录 B 中 B.1，冷缩附件用硅橡胶绝缘材料的主要性能要满足抗撕裂强度的要求。且根据车间扩张作业指导书和检验规范，扩张开裂属于不良范畴。

5）可能造成的危害

产品开裂，存放一段时间后，可能会造成更严重的开裂。现场施工使用时，会导致施工进度延误，或影响指套的密封性。

6）处置建议及示范案例

处置建议：

制定严格的检验规范，加强该半成品的质量管控。对于开裂的指套，应予以报废处理。

示范案例：

指套合格扩张良品的照片如图 3-44 所示。

图 3-44 指套合格扩张良品

（七）绝缘和半导电搭接过渡不良

1）缺陷名称

绝缘和半导电搭接过渡不良。

2）缺陷描述

在绝缘成型时，由于模具温度波动太大、注胶压力和速度较慢、胶料在泵料机内预硫化等原因，导致绝缘硅胶无法注胶到位，绝缘和半导电搭接不良，有明显的台阶。

3）缺陷照片

绝缘和半导电搭接过渡不良的照片如图 3-45 所示。

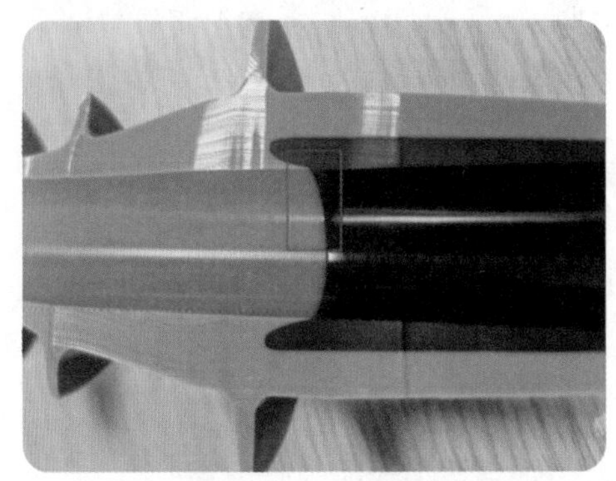

图 3-45　绝缘和半导电搭接过渡不良

4）缺陷判断

根据相关检验规范，明显的绝缘和半导电搭接过渡不良属于不良范畴。

5）可能造成的危害

绝缘和半导电搭接过渡不良，可能会导致产品在使用时无法使冷缩产品与电缆绝缘产生良好的抱紧力，且会在接触面残存气体或水分，存在质量隐患。

6）处置建议及示范案例

处置建议：

制定严格的检验规范，加强该半成品的质量管控。对于明显的绝缘和半导电搭接过渡不良，应予以报废处理，严禁流入下一道工序。

示范案例：

指绝缘和半导电合格搭接的照片如图 3-46 所示。

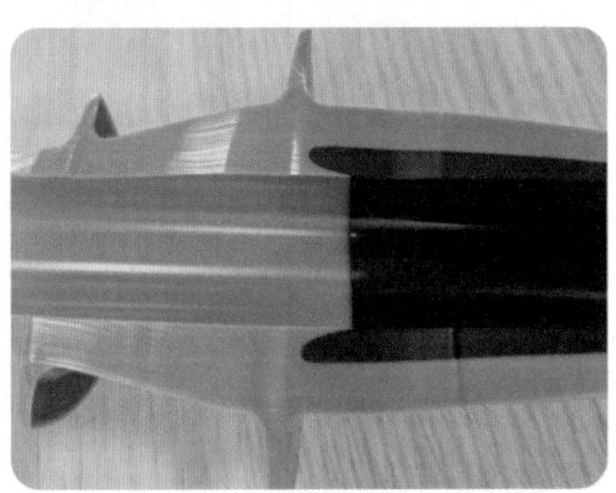

图 3-46　指绝缘和半导电合格搭接

（八）绝缘橡胶件主体开裂

1）缺陷名称

绝缘橡胶件主体开裂。

2）缺陷描述

绝缘成型时，若成型的模具温度过高、硅胶桶内原材料中混有气泡，或者模具剪边太锋利，会导致橡胶件开裂。

3）缺陷照片

绝缘橡胶件主体开裂的照片如图 3-47 所示。

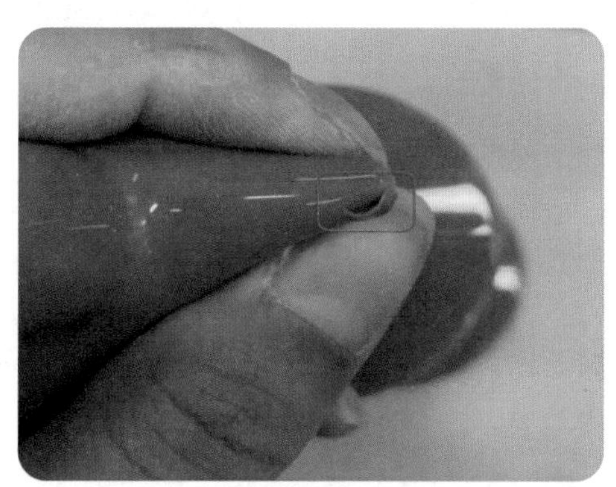

图 3-47 绝缘橡胶件主体开裂

4）缺陷判断依据

根据《额定电压 35kV（U_m=40.5kV）及以下冷缩电缆附件技术规范》（T/CEC 118—2016）附录 B 中 B.1，冷缩附件用硅橡胶绝缘材料的主要性能要满足抗撕裂强度的要求。且根据车间绝缘成型作业指导书和检验规范，成型开裂属于不良范畴。

5）可能造成的危害

对于 10 ～ 35kV 终端、接头主体，若产品上有开裂不良，等产品扩张完后，开裂可能会被扩大，造成更大开裂，影响其爬电距离，会造成更严重的闪络爬电。如果产品在施工完成运行时出现开裂，会造成更严重的影响。

6）处置建议及示范案例

处置建议：

严格按照绝缘硫化成型作业指导书作业，制定严格的检验规范，加强该半成品的质量管控。对于有开裂的终端/接头橡胶件，应予以报废处理，严禁流入下一道工序。

示范案例：

合格的绝缘橡胶件主体的照片如图 3-48 所示。

图 3-48　合格的绝缘橡胶件主体

（九）冷缩产品支撑管塌缩

1）缺陷名称

冷缩产品支撑管塌缩。

2）缺陷描述

橡胶件产品在扩张后，内部由支撑管进行扩大支撑，如果由于外力碰撞或支撑条在生产时缠绕不良，使支撑管不稳定，容易导致支撑管塌缩。

3）缺陷照片

冷缩产品支撑管塌缩的照片如图 3-49 所示。

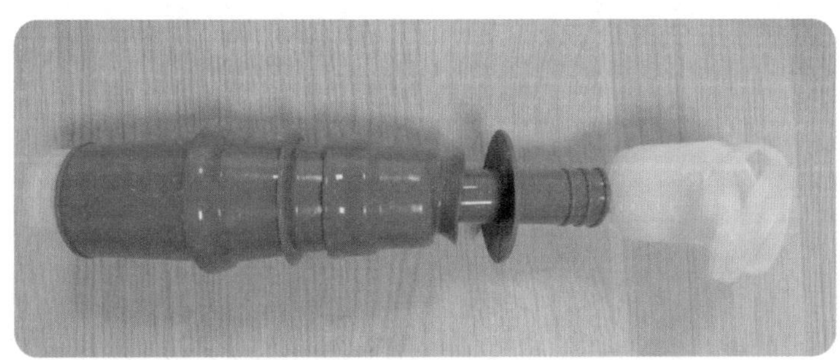

图 3-49　冷缩产品支撑管塌缩

4）缺陷判断依据

根据车间缠管、扩张作业指导书和检验规范，支撑管缠绕不良和支撑管塌缩不良属于不良范畴。

5）可能造成的危害

如果冷缩产品支撑管塌缩，施工时无法将冷缩电缆附件套至电缆上使用，影响施工进度。

6）处置建议及示范案例

处置建议：

严格按照缠管、扩张作业指导书作业，制定严格的检验规范，加强该半成品的质量管控。对于工序间流转的不良品，可以重新抽拉掉支撑条，再次扩张。若出现在施工现场，需及时进行换货处理。

示范案例：

冷缩产品支撑管合格产品如图 3-50 所示。

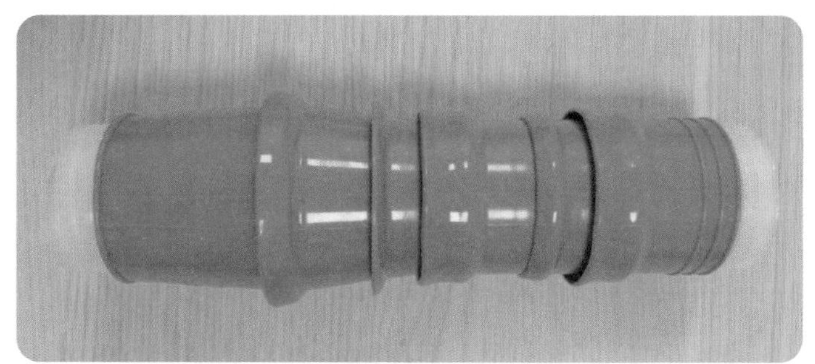

图 3-50 冷缩产品支撑管合格产品

（十）装配材料漏发、错发

1）缺陷名称

装配材料漏发、错发。

2）缺陷描述

由于装配工序存在疏漏，在装配时，缺少安装工艺、合格证、装箱清单或其他辅材。

3）缺陷照片

装配材料漏发、错发的照片如图 3-51 所示。

图 3-51 装配材料漏发、错发

4）缺陷判断依据

根据《额定电压 35kV（U_m=40.5kV）及以下冷缩电缆附件技术规范》（T/CEC 118—2016）附录 C 中 C.1 冷缩终端安装配套材料明细表，装配产品需带有安装工艺、合格证和装箱清单。

5）可能造成的危害

无安装工艺和装箱清单，将无法按期完成对产品的验收，无法进行施工安装，影响项目的施工工期。

6）处置建议及示范案例

处置建议：

严格按照装箱作业指导书作业，制定严格的检验规范，加强该工序的质量管控，保证发货的各类材料、辅材等齐全。

示范案例：

装配工序合格的装箱照片如图 3-52 所示。

图 3-52　装配工序合格的装箱

3.2　电缆土建构筑物

电缆土建构筑物是指敷设电缆或安置附件的电缆沟、槽、排管、隧道、夹层、竖（斜）井和电缆工井等的统称。电缆土建构筑物是电缆工程的基础，严格把关电缆土建构筑物质量，对后续电缆的敷设、运维、检修、抢修具有重要意义。本节主要收录了电缆直埋敷设、电缆排管、电缆非开挖定向钻（拉管）、电缆沟、电缆隧道（综合管廊）、电缆工井工程中的典型缺陷，并对缺陷描述、判定及处置建议进行了说明。

3.2.1 电缆直埋敷设

电缆直埋敷设的验收如表 3-8 所示。

表 3-8 电缆直埋敷设的验收

序号	验收内容	关键点	缺陷举例
3.2.1	电缆直埋敷设	电缆保护措施、隔离措施、电缆标识设置	1. 未采用铺沙加保护板； 2. 电缆间未采取有效隔离措施； 3. 标志带、标志牌、标志桩缺失

（一）未采用铺沙加保护板

1）缺陷名称

未采用铺沙加保护板。

2）缺陷描述

直埋电缆应采用铺沙加保护板的方式，铺沙厚度为电缆上下各 10cm，沿电缆全长应覆盖宽度不小于电缆两侧各 50mm 的保护板，盖板应安放平整，板间接缝严密，保护盖板应采用混凝土钢筋浇筑而成，宽度应超过直埋电缆宽度两侧各 20cm，不得采用砖替代保护盖板。

3）缺陷照片

未采用铺沙加保护板的照片如图 3-53 所示。

图 3-53 未采用铺沙加保护板

4）缺陷判定依据

《电气装置安装工程电缆线路施工及验收标准》（GB 50168—2018）中第 6.2.2 节的规定。

5）可能造成的危害

直埋电缆埋设深度不够，且未设置保护盖板，可能使电缆受到机械性损伤、化学作用、地下电流、振动、热影响、腐蚀物质等危害。

6）处置建议及示范案例

处置建议：

按照标准规定进行敷设，不满足要求的直埋电缆应整改完成后投运。

示范案例：

电缆直埋采用铺沙加保护板的照片如图 3-54 所示。

图 3-54　电缆直埋采用铺沙加保护板

（二）电缆间未采取有效隔离措施

1）缺陷名称

电缆间未采取有效隔离措施。

2）缺陷描述

电缆间应采取有效隔离措施，接头与邻近电缆的净距不得小于 0.25m，并列电缆的接头位置宜相互错开，且净距不宜小于 0.5m。严禁不同相电缆表面直接接触，防止出现故障时对临近电缆放电。

3）缺陷图片

电缆间未采取有效隔离措施的照片如图 3-55 所示。

图 3-55　电缆间未采取有效隔离措施

4）缺陷判定依据

《电气装置安装工程电缆线路施工及验收标准》（GB 50168—2018）中第 6.2.4 节的规定。

5）可能造成的危害

如果电缆间距过小，会影响运行电缆的散热，使电缆本体温度过高。如果电缆中间接头间净距过小，电缆中间接头出现故障时，易引起临近电缆故障。

6）处置建议及示范案例

处置建议：

应按照要求进行整改，电缆间距应保持大于 0.25m，电缆中间接头应错开放置，如条件不具备，电缆穿管或用隔板隔开，平行净距可缩小为 0.1m。

示范案例：

电缆间采取有效隔离措施的照片如图 3-56 所示。

图 3-56　电缆间采取有效隔离措施

（三）标志带、标志牌、标志桩缺失

1）缺陷名称

标志带、标志牌、标志桩缺失。

2）缺陷描述

直埋敷设电缆上方沿线土层内应铺设带有电力标志的警示带，通道起止点、转弯处及沿线的地面上应设置明显的电缆标志，且标志应设置在直埋段电缆两侧，反应直埋段电缆宽度，警示及掌握电缆路径的实际走向。

3）缺陷图片

标志带、标志牌、标志桩缺失的照片如图 3-57 所示。

图 3–57　标志带、标志牌、标志桩缺失

4）缺陷判定依据

《电气装置安装工程电缆线路施工及验收标准》（GB 50168—2018）中第 6.2.7 节的规定。

5）可能造成的危害

如果直埋电缆标志和警示牌不统一、不规范、缺漏、模糊不清，易发生人身触电事故以及电力设施遭受破坏。

6）处置建议及示范案例

处置建议：

直埋电缆在直线段每隔 50 ～ 100m 处、电缆接头处、转弯处、进入建筑物等处，应设置明显的地贴或标志桩。

示范案例：

直埋电缆设置标志桩的照片如图 3-58 所示。

图 3-58 直埋电缆设置标志桩

3.2.2 电缆排管

电缆排管验收如表 3-9 所示。

表 3-9 电缆排管验收

序号	验收内容	关键点	缺陷举例
3.2.2	电缆排管	电缆排管施工工艺、质量要求	1. 电缆排管施工未打垫层； 2. 电缆排管施工未做支模； 3. 电缆排管之间未安装管枕； 4. 钢筋绑扎不均匀、不牢靠； 5. 电缆排管未进行双向疏通检查； 6. 电缆排管管口未封堵

（一）电缆排管施工未打垫层

1）缺陷名称

电缆排管施工未打垫层。

2）缺陷描述

电缆排管施工未制作混凝土垫层，易造成排管塌陷或断裂。

3）缺陷照片

电缆排管施工未打垫层的照片如图 3-59 所示。

图 3-59　电缆排管施工未打垫层

4）缺陷判定依据

《国网运检部关于印发高压电缆及通道工程生产准备及验收工作指导意见的通知》（运检二【2017】104 号）：附件 2“高压电缆及通道工程生产准备及验收工作审查要点”第二十二条“排管（拉管）电缆敷设。（十四）排管垫层材料宜采用混凝土。”

5）可能造成的危害

如果电缆排管无有效支撑，在电缆敷设及运行过程中可能出现排管塌陷或断裂。

6）处置建议及示范案例

处置建议：

加强电缆排管工程的隐蔽工程验收，相关影像资料作为验收资料留档。发现未打垫层或垫层不合格时，应重新制作混凝土垫层。

示范案例：

垫层施工照片如图 3-60 所示。

图 3-60　垫层施工照片

（二）电缆排管施工未做支模

1）缺陷名称

电缆排管施工未做支模。

2）缺陷描述

电缆排管施工浇筑混凝土时未做支模。

3）缺陷照片

电缆排管施工未做支模的照片如图 3-61 所示。

图 3-61 电缆排管施工未做支模

4）缺陷判定依据

《国网运检部关于印发高压电缆及通道工程生产准备及验收工作指导意见的通知》（运检二【2017】104 号）：附件 2“高压电缆及通道工程生产准备及验收工作审查要点”第二十二条“排管（拉管）电缆敷设。（二十一）支护模板应平整、表面应清洁，并具有一定的强度，保证在支撑或维护构件作用下不破损、不变形。”

5）可能造成的危害

如果电缆排管通道土建质量不达标，在电缆敷设及运行过程中可能会导致通道整体塌陷或断裂。

6）处置建议及示范案例

处置建议：

加强电缆排管工程的隐蔽工程验收，相关影像资料作为验收资料留档。

示范案例：

排管支模施工照片如图 3-62 所示。

图 3-62 排管支模施工照片

（三）电缆排管之间未安装管枕

1）缺陷名称

电缆排管之间未安装管枕。

2）缺陷描述

电缆排管施工时，排管间未安装管枕。

3）缺陷照片

电缆排管未安装管枕的照片如图 3-63 所示。

图 3-63 电缆排管未安装管枕

4）缺陷判定依据

《国网运检部关于印发高压电缆及通道工程生产准备及验收工作指导意见的通知》（运检二【2017】104 号）：附件 2“高压电缆及通道工程生产准备及验收工作审查要点”第三十七条“电缆排管验收。（十二）排管连接处应设立管枕。”

5）可能造成的危害

如果电缆排管未安装管枕，会造成排管间无可靠固定，在电缆敷设及运行过程中可能导致排管和电缆损坏。

6）处置建议及示范案例

处置建议：

加强电缆排管工程的隐蔽工程验收，相关影像资料作为验收资料留档。

示范案例：

排管安装管枕的照片如图 3-64 所示。

图 3-64 排管安装管枕的照片

（四）钢筋绑扎不均匀、不牢靠

1）缺陷名称

钢筋绑扎不均匀、不牢靠。

2）缺陷描述

电缆排管施工浇筑混凝土时，钢筋绑扎不均匀、不牢靠。

3）缺陷照片

电缆排管钢筋绑扎不均匀、不牢靠的照片如图 3-65 所示。

图 3-65 电缆排管钢筋绑扎不均匀、不牢靠

4）缺陷判定依据

《国网运检部关于印发高压电缆及通道工程生产准备及验收工作指导意见的通知》（运检二【2017】104 号）：附件 2“高压电缆及通道工程生产准备及验收工作审查要点”第二十二条“排管（拉管）电缆敷设。（二十六）钢筋的绑扎应均匀、可靠，确保在混凝土振捣时钢筋不会松散、移位。”

5）可能造成的危害

在混凝土振捣时钢筋松散、移位，造成电缆通道质量不合格，可能导致电缆通道产生裂缝、破损、沉降。

6）处置建议及示范案例

加强电缆排管工程的隐蔽工程验收，相关影像资料作为验收资料留档。

示范案例：

排管钢筋绑扎规范的照片如图 3-66 所示。

图 3-66　排管钢筋绑扎规范的照片

（五）电缆排管未进行双向疏通检查

1）缺陷名称

电缆排管未进行双向疏通检查。

2）缺陷描述

电缆排管施工完毕后，未采用疏通器将所有排管进行双向疏通检查。

3）缺陷照片

电缆排管未疏通的照片如图 3-67 所示。

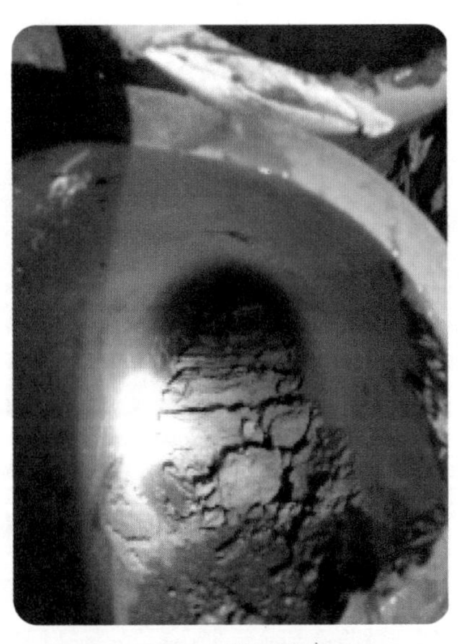

图 3-67　电缆排管未疏通

4）缺陷判定依据

《国网运检部关于印发高压电缆及通道工程生产准备及验收工作指导意见的通知》(运检二【2017】104 号)：附件 2“高压电缆及通道工程生产准备及验收工作审查要点”第三十七条“电缆排管验收。(六) 排管要求管口无杂物，双向疏通检查无明显拖拉障碍。”

5）可能造成的危害

造成排管损坏，新放电缆敷设困难，通道资源浪费。

6）处置建议及示范案例

排管建成后，应及时进行双向疏通检查，并做好管口封堵，出具排管疏通检查报告。

示范案例：

排管双向疏通的照片如图 3-68 所示。

图 3-68　排管双向疏通的照片

（六）电缆排管管口未封堵

1）缺陷名称

电缆排管管口未封堵。

2）缺陷描述

排管施工完毕后，管口未封堵。

3）缺陷照片

施工完毕后排管口未进行封堵的照片如图 3-69 所示。

图 3-69　施工完毕后排管口未进行封堵

4）缺陷判定依据

《国网运检部关于印发高压电缆及通道工程生产准备及验收工作指导意见的通知》(运检二【2017】104 号）第四章第三十四条："所有管口应严密封堵。所有备用孔也应封堵。封堵应严实可靠，不应有明显的裂缝和可见的空隙。"

5）可能造成的危害

杂物、泥沙石等进入电缆排管，敷设电缆时造成电缆排管损坏和新放电缆损坏。

6）处置建议及示范案例

处置建议：

用专用管塞对所有孔洞进行封堵。

示范案例：

排管口封堵后的照片如图 3-70 所示。

图 3-70　排管口封堵后照片

3.2.3 电缆非开挖定向钻（拉管）

电缆非开挖定向钻（拉管）验收如表 3-10 所示。

表 3-10 电缆非开挖定向钻（拉管）验收

序号	验收内容	关键点	缺陷举例
3.2.3	电缆非开挖定向钻（拉管）	拉管长度、角度、孔位及封堵	1. 拉管长度过长； 2. 拉管进度角度不满足要求； 3. 拉管未进行防水封堵； 4. 拉管两侧孔位翻转

（一）拉管长度过长

1）缺陷名称

拉管长度过长。

2）缺陷描述

拉管长度不宜超过 150m，特殊情况需超过 150m 时，应校核电缆施工时的允许牵引力，并制定专项方案报送上级管理部门批准。

3）缺陷照片

拉管长度过长的照片如图 3-71 所示。

图 3-71 拉管长度过长

4）缺陷判断依据

《江苏省电力公司关于明确电力电缆线路设计、施工及运维相关要求的通知》（苏电运检〔2015〕615 号）中非开挖定向钻（拉管）的设计施工要求。

5）可能造成危害

如果拉管过长，在电缆敷设过程中可能因为电缆本体质量过重，超过允许牵引力，损伤线芯和电缆绝缘性能，同时拉管过长，敷设在内的电缆更换成本会更高。

6）处置建议及示范案例

按照相关要求对拉管长度进行控制，特殊情况需做好相应校验，并报上级部门审批。

（二）拉管进度角度不满足要求

1）缺陷名称

拉管进度角度不满足要求。

2）缺陷描述

拉管两端应直接进入工井，进入角度应大于 10°，特殊施工有困难的地段允许大于 15°，且位于两端井的前端引出。

3）缺陷照片

拉管进度角度不满足要求的照片如图 3-72 所示。

图 3-72　拉管进度角度不满足要求

4）缺陷判断依据

《江苏省电力公司关于明确电力电缆线路设计、施工及运维相关要求的通知》（苏电运检〔2015〕615 号）中非开挖定向钻（拉管）的设计施工要求。

5）可能造成危害

电缆敷设时，由于电缆本身的重力，在拉管的管口处会受到一个向上的剪切力，使电缆本体绝缘受损。

6）处置建议

拉管两端应直接进入工井，进入角度应大于 10°，特殊施工有困难的地段允许大于 15°，并对管口进行倒角。

（三）拉管未进行防水封堵

1）缺陷名称

拉管未进行防水封堵。

2）缺陷描述

所有拉管管控未启用时，必须进行防水封堵，同时放置牵引绳。

3）缺陷照片

拉管未进行防水封堵的照片如图 3-73 所示。

图 3-73 拉管未进行防水封堵

4）缺陷判断依据

《江苏省电力公司关于明确电力电缆线路设计、施工及运维相关要求的通知》（苏电运检〔2015〕615 号）中非开挖定向钻（拉管）的设计施工要求。

5）可能造成危害

拉管空余管孔未采用有效封堵措施，泥沙、石子等异物进入管孔中，会造成管孔堵塞。

6）处置建议

对拉管空余管孔采用压力管塞进行封堵。

（四）拉管两侧孔位翻转

1）缺陷名称

拉管两侧孔位翻转。

2）缺陷描述

拉管两侧孔位未一一对应，施工过程中出现孔位翻转。

3）缺陷照片

拉管两侧孔位翻转的照片如图 3-74 所示。

图 3-74　拉管两侧孔位翻转

4）缺陷判断依据

《江苏省电力公司关于明确电力电缆线路设计、施工及运维相关要求的通知》（苏电运检〔2015〕615 号）中非开挖定向钻（拉管）的设计施工要求。

5）可能造成危害

拉管孔位翻转，造成拉管两侧管孔未一一对应，电缆敷设困难，电缆查找难度增大。

6）处置建议

为防止管道牵引出现绞乱现象，管道牵引起始段应做好限位措施并每 2 ～ 3m 用铁丝捆扎管束。

3.2.4　电缆沟

电缆沟验收如表 3-11 所示。

表 3-11　电缆沟验收

序号	验收内容	关键点	缺陷举例
3.2.4	电缆沟	有无其他管道邻近、交叉，电缆支架及接地，是否有积水	1. 易燃易爆管道横穿； 2. 接地电阻不达标； 3. 电缆沟中积水； 4. 电缆沟支架受力未满足要求

（一）易燃易爆管道横穿

1）缺陷名称

易燃易爆管道横穿。

2）缺陷描述

电缆沟建设应满足结构强度及运行环境要求。禁止燃气、自来水等易燃、易爆管道穿越电缆沟，电缆沟墙体应能防止可燃物经土壤渗入。

3）缺陷照片

易燃易爆管道横穿的照片如图 3-75 所示。

图 3-75 易燃易爆管道横穿

4）缺陷判断依据

《江苏省电力公司关于明确电力电缆线路设计、施工及运维相关要求的通知》（苏电运检〔2015〕615 号）中电缆沟的设计施工要求。

5）可能造成危害

易燃易爆管线可能引起大火或水压冲击等外力破坏，使通道内运行的电缆发生故障。

6）处置建议及示范案例

对于交叉跨越的易燃易爆管线，在确保交叉距离满足《城市工程管线综合规划规范》（GB 50289）中第 4.1.14 节中工程管线交叉时的最小垂直净距，如果无法满足，应对易燃、易爆管线进行迁移或者对电缆沟进行改道。

（二）接地电阻不达标

1）缺陷名称

接地电阻不达标。

2）缺陷描述

新建电缆沟必须同步实施电缆沟接地系统，接地电阻不大于 5Ω。

3）缺陷照片

对于接地电阻不达标的照片如图 3-76 所示。

图 3-76　接地电阻不达标

4）缺陷判断依据

《江苏省电力公司关于明确电力电缆线路设计、施工及运维相关要求的通知》（苏电运检〔2015〕615 号）中电缆沟的设计施工要求。

5）可能造成危害

接地装置起着工作接地和保护接地的作用，发生接地故障时，使中性点电压偏移增大，可能使健全相和中性点电压过高，超过绝缘要求的水平而造成电缆损坏。

6）处置建议及示范案例

施工过程中严格按照《电力设备接地设计技术规程》（SDJ 8—79）中对接地电阻值的规定进行施工，施工完成后应对电阻值进行检测。

（三）电缆沟中积水

1）缺陷名称

电缆沟中积水。

2）缺陷描述

电缆沟中积水严重，未在标高最低处设置集水坑。

3）缺陷照片

电缆沟中积水的照片如图 3-77 所示。

图 3-77 电缆沟中积水

4）缺陷判断依据

《江苏省电力公司关于明确电力电缆线路设计、施工及运维相关要求的通知》（苏电运检〔2015〕615 号）中电缆沟的设计施工要求。

5）可能造成危害

电缆沟进水后，沟内水深，有的井（沟）水深达 1m 左右，因排水困难，电缆巡视人员无法下井进行正常巡视，影响到电缆巡视质量，不能及时发现电缆运行中的故障隐患，这样不仅影响电缆的正常运行，而且有使电缆故障扩大的危险。电缆沟进水后，产生潮气，如遇电缆因施工或产品质量问题发生裂缝，进入水汽时，不仅破坏了电缆绝缘，还会导致电缆进水而引起电缆爆裂。

6）处置建议

电缆沟内排水坡度不小于 0.3%，宜取 0.5%，并在标高最低处设置集水坑。

（四）电缆沟支架受力未满足要求

1）缺陷名称

电缆沟支架受力未满足要求。

2）缺陷描述

电缆沟内应设置电缆放置用支架，支架强度和宽度未满足电缆及附件荷重和安装维护受力要求。

3）缺陷照片

电缆沟支架受力未满足要求的照片如图 3-78 所示。

图 3-78　电缆沟支架受力未满足要求

4）缺陷判断依据

《江苏省电力公司关于明确电力电缆线路设计、施工及运维相关要求的通知》（苏电运检〔2015〕615 号）中隧道的设计施工要求。

5）可能造成的危害

电缆支架断裂，从而造成电缆本体及附件积压、堆叠，影响后续通道及电缆的正常运维及抢修工作，同时可能引起电缆线路故障，存在火灾隐患。

6）处置建议及示范案例

电缆沟内应设置电缆放置用支架，支架强度和宽度应满足电缆及附件荷重和安装维护受力要求。电缆沟支架受力满足要求的照片如图 3-79 所示。

图 3-79　电缆沟支架受力满足要求

3.2.5　电缆隧道（综合管廊）验收

电缆隧道（综合管廊）验收如表 3-12 所示。

表 3-12 电缆隧道（综合管廊）验收

序号	验收内容	关键点	缺陷举例
3.2.5	电缆隧道（综合管廊）	有无过渡平台，防火措施是否完备	1. 未设置电缆工井或过渡平台； 2. 低压电源敷设未使用防火槽盒； 3. 防火分区间隔大于 200m

（一）未设置电缆工井或过渡平台

1）缺陷名称

未设置电缆工井或过渡平台。

2）缺陷描述

电力隧道电缆工井井室高度超过 5.0m，未按照要求设置多层电缆工井或过渡平台，多层电缆工井未每层设固定式或移动式爬梯。

3）缺陷照片

未设置电缆工井或过渡平台的照片如图 3-80 所示。

图 3-80 未设置电缆工井或过渡平台

4）缺陷判断依据

《江苏省电力公司关于明确电力电缆线路设计、施工及运维相关要求的通知》（苏电运检〔2015〕615 号）中隧道的设计施工要求。

5）可能造成危害

电缆敷设后，受到自身重力影响，在管口处受到剪切力，易造成电缆绝缘损坏。

6）处置建议及示范案例

处置建议：

电力隧道电缆工井井室高度不宜超过 5.0m，超过时应设置多层电缆工井或过渡平台。

示范案例：

设置过渡平台的照片如图 3-81 所示。

图 3-81　设置过渡平台

（二）低压电源敷设未使用防火槽盒

1）缺陷名称

低压电源敷设未使用防火槽盒。

2）缺陷描述

隧道内低压电源敷设于金属材质的槽盒内。

3）缺陷照片

低压电源敷设未使用防火槽盒的照片如图 3-82 所示。

图 3-82　低压电源敷设未使用防火槽盒

4）缺陷判断依据

《江苏省电力公司关于明确电力电缆线路设计、施工及运维相关要求的通知》（苏电运检〔2015〕615 号）中隧道的设计施工要求。

5）可能造成危害

低压电源系统因设备本体或外力的原因，引起短路火灾后，造成下方的电缆线路故障。

6）处置建议及示范案例

处置建议：

电力隧道内应建设低压电源系统，并具备漏电保护功能，电源线应采用阻燃电缆，并敷设于防火槽盒内，防火槽（管）应固定在电缆隧道顶板上。

示范案例：

低压电源使用防火槽盒的照片如图 3-83 所示。

图 3-83　低压电源使用防火槽盒

（三）防火分区间隔大于 200m

1）缺陷名称

防火分区间隔大于 200m。

2）缺陷描述

隧道内未采取可靠的阻火分隔措施，对隧道内各种孔洞未进行有效的防火封堵，并配置必要的消防器材，防火分区间隔大于 200m。

3）缺陷照片

防火分区间隔大于 200m 的照片如图 3-84 所示。

图 3-84　防火分区间隔大于 200m

4）缺陷判断依据

《江苏省电力公司关于明确电力电缆线路设计、施工及运维相关要求的通知》（苏电运检〔2015〕615 号）中隧道的设计施工要求。

5）可能造成危害

隧道内敷设电缆条数多且密集，电缆本体或附件发生故障时，易引起火灾蔓延，造成故障范围扩大。

6）处置建议及示范案例

处置建议：

隧道内各种孔洞应采用防火封堵材料进行封堵，并设置气溶胶等消防设施，防火分区间隔应用防火墙、防火门和防火包等措施进行隔断，间隔不应大于 200m。

示范案例：

合理设置防火分区间隔如图 3-85 所示。

图 3-85　合理设置防火分区间隔

3.2.6　电缆工井

电缆工井验收如表 3-13 所示。

表 3-13 电缆工井验收

序号	验收内容	关键点	缺陷举例
3.2.6	电缆工井	工井基坑、井盖	1. 工井施工基坑内大量存水； 2. 工井井盖破损； 3. 工井井盖无二层子盖

（一）工井施工基坑内大量存水

1）缺陷名称

工井施工基坑内大量存水。

2）缺陷描述

工井基坑开挖过程中出现地下水渗漏，未及时采取降水措施，导致基坑内大量存水。

3）缺陷照片

工井施工基坑内大量存水的照片如图 3-86 所示。

图 3-86 工井施工基坑内大量存水

4）缺陷判定依据

《国网运检部关于印发高压电缆及通道工程生产准备及验收工作指导意见的通知》（运检二【2017】104 号）第三章第二十二条："做好基坑降水工作，以防止坑壁受水浸泡造成塌方。"

5）可能造成的危害

工井施工时基坑内大量存水可导致坑壁土体承载力下降，严重时可诱发坑壁坍塌，对施工人员安全造成威胁。

6）处置建议及示范案例

处置建议：

增加排水泵，及时将基坑内积水排除，并对坑壁辅以必要的加固措施。

示范案例：

工井施工基坑内采取降水措施后的照片如图 3-87 所示。

图 3-87　工井施工基坑内采取降水措施后的照片

（二）工井井盖破损

1）缺陷名称

工井井盖破损。

2）缺陷描述

工井井盖在施工过程中因受到外力出现开裂、破损。

3）缺陷照片

工井井盖破损的照片如图 3-88 所示。

图 3-88　工井井盖破损

4）缺陷判定依据

《国网运检部关于印发高压电缆及通道工程生产准备及验收工作指导意见的通知》（运检二【2017】104 号）第四章第三十四条：“电缆沟、电缆工井盖板应齐备完好。”

5）可能造成的危害

工井井盖破损可导致井盖承重能力下降，过往行人不慎踩踏时可能掉落井中，存在人身安全风险。

6）处置建议及示范案例

处置建议：

更换破损井盖，重新进行安装加固。

示范案例：

工井井盖完好的照片如图 3-89 所示。

图 3-89　工井井盖完好的照片

（三）工井井盖无二层子盖

1）缺陷名称

工井井盖无二层子盖。

2）缺陷描述

工井井盖仅有一层，未设置二层子盖。

3）缺陷照片

工井井盖无二层子盖的照片如图 3-90 所示。

图 3-90　工井井盖无二层子盖

4）缺陷判定依据

《电力电缆及通道运维规程》（Q/GDW

1512—2014）第 5.6.5 条："井盖应设置二层子盖。"

5）可能造成的危害

上盖移位或损坏后，如果无二层子盖，将无法起到缓冲和防坠的作用，存在安全风险。

6）处置建议及示范案例

处置建议：

加装尺寸合适的二层子盖。

示范案例：

带二层子盖的工井井盖的照片如图 3-91 所示。

图 3-91　带二层子盖的工井井盖的照片

3.3　电缆线路竣工验收

电缆线路竣工验收包括电缆本体竣工验收、电缆附件竣工验收、电缆附属设施竣工验收等。电缆线路竣工验收是电缆工程验收的最后一环，严格把关电缆线路竣工验收，对电缆工程高质量建设有着重要意义。本节主要收录了电缆本体竣工验收、电缆附件竣工验收、电缆附属设施竣工验收中的典型缺陷，并对缺陷描述、判定及处置建议进行了说明。

3.3.1 电缆本体竣工验收

电缆本体竣工验收如表 3-14 所示。

表 3-14 电缆本体竣工验收

序号	验收内容	关键点	缺陷举例
3.3.1	电缆本体竣工验收	电缆弯曲半径、护套、垫皮、固定金具等	1. 电缆弯曲半径小于标准要求 2. 电缆外护套破损； 3. 垫皮错位或缺失； 4. 固定金具缺失或过松； 5. 固定金具边缘挤压电缆

（一）电缆弯曲半径小于标准要求

1）缺陷名称

电缆弯曲半径小于标准要求。

2）缺陷描述

由于现场电缆敷设施工不当或者施工过程没有对电缆弯曲半径进行严格把控，造成电缆弯曲半径小于标准要求。

3）缺陷照片

弯曲半径小于标准要求或厂家允许值如图 3-92 所示。

图 3-92 弯曲半径小于标准要求或厂家允许值

4）缺陷判定依据

《电气装置安装工程电缆线路施工及验收标准》（GB 50168—2018）第 9.0.1 条："工程验收时应进行下列检查：3 电缆的固定、弯曲半径、相关间距和单芯电力电缆的金属护层的接线等应符合设计要求和本标准的规定，相位、极性排列应与设备连接相位、极性一致，并符合设计要求。"

5）可能造成的危害

电缆弯曲半径小于标准要求时，可能会造成电缆金属护套和主绝缘层变形，严重影响电缆的机械性能和电气性能，易造成电缆故障。

6）处置建议及示范案例

处置建议：

调整电缆敷设情况，使电缆弯曲半径满足标准要求。

示范案例：

电缆弯曲半径满足标准要求如图 3-93 所示。

图 3-93　电缆弯曲半径满足标准要求

（二）电缆外护套破损

1）缺陷名称

电缆外护套破损。

2）缺陷描述

由于机械外力破坏或其他原因导致电缆外护套表面出现明显的破损。

3）缺陷照片

外护套破损的照片如图 3-94 所示。

图 3-94　外护套破损

4）缺陷判定依据

《电气装置安装工程电缆线路施工及验收标准》（GB 50168—2018）第 9.0.1 条："工程验收时应进行下列检查：2 电缆排列应整齐，无机械损伤，标识牌应装设齐全、正确、清晰。"

5）可能造成的危害

造成电缆外护套电气性能、机械性能下降，绝缘电阻变低，可能导致运行电缆本体故障。

6）处置建议及示范案例

处置建议：

利用绕包带材等方式恢复电缆外护套原有的电气及机械性能。

示范案例：

对外护套进行修复处理的照片如图 3-95 所示。

图 3-95　对外护套进行修复处理

（三）电缆垫皮错位或缺失

1）缺陷名称

电缆垫皮错位或缺失。

2）缺陷描述

由于施工人员工作疏忽等原因，支架上电缆垫皮出现错位或缺失情况。

3）缺陷照片

电缆垫皮错位或缺失的照片如图 3-96 所示。

（a）电缆垫皮缺失

（b）电缆垫皮错位

图 3-96　电缆垫皮错位或缺失

4）缺陷判定依据

《35kV ～ 500kV 交流输电线路装备技术导则》（Q/CSG 1107003—2019）第 6.2.2

条："电缆附件配置原则：e）电缆支架孔洞宜预制成型，安装金属支架不宜临时开孔，需临时开孔应采取防腐措施；夹具与电缆之间应加装衬垫；盐雾地区夹具可采用非金属防腐材料。"

5）可能造成的危害

高压电缆正常运行时会因为实时负荷的变化而出现脉动或振动的现象，导致电缆本体出现轻微移位现象。垫皮错位或缺失，会使电缆本体长时间与支架产生摩擦，会造成电缆外护套磨损，进而导致电缆金属护套接地放电。电缆金属护套长时间对支架放电可能会使电缆管廊出现火情。

6）处置建议及示范案例

处置建议：

安排专人排查电缆全线的垫皮错位或缺失情况，补全或调整所有的电缆垫皮。

示范案例：

补全或调整全线所有的电缆垫皮的照片如图 3-97 所示。

（a）补全全线所有的电缆垫皮

（b）调整全线所有的电缆垫皮

图 3-97　补全或调整全线所有的电缆垫皮

（四）固定金具缺失或过松

1）缺陷名称

固定金具缺失或过松。

2）缺陷描述

由于安装人员工作疏忽等原因，电缆固定金具安装不齐全或者不紧固。

3）缺陷照片

固定金具缺失或过松的照片如图 3-98 所示。

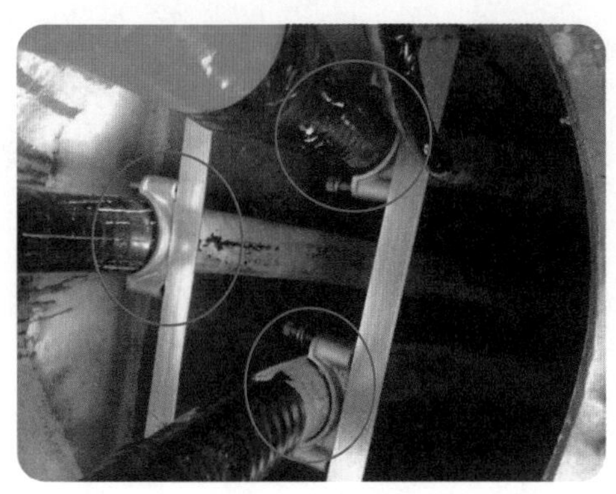

（a）固定金具缺失　　（b）固定金具缺失或过松

图 3-98　固定金具缺失或过松

4）缺陷判定依据

《电气装置安装工程电缆线路施工及验收标准》（GB 50168—2018）第 6.4.3 条：“电缆在支架上的敷设应符合下列规定：3 交流单芯电力电缆，应布置在同侧支架上，并应限位、固定。当按紧贴品字形（三叶形）排列时，除固定位置外，其余应每隔一定的距离用电缆夹具、绑带扎牢，以免松散。”

5）可能造成的危害

电缆固定金具缺失或过松，可能会导致电缆在正常运行时出现移位、错位等现象，针对电缆竖井内电缆或者上终端部分电缆，固定金具缺失或过松，会导致电缆竖井上部电缆支架边缘挤压电缆本体或者上终端部分电缆整体下移拉裂电缆终端尾管，存在极大的安全隐患。

6）处置建议及示范案例

处置建议：

安排专人排查电缆全线的支架情况，补全并紧固所有的电缆固定金具。

示范案例：

补全并紧固全线所有的电缆固定金具如图 3-99 所示。

图 3-99 补全并紧固全线所有的电缆固定金具

（五）固定金具边缘挤压电缆

1）缺陷名称

固定金具边缘挤压电缆。

2）缺陷描述

由于产品尺寸不匹配或者金具紧固过度等原因，电缆本体被固定金具边缘挤压，甚至使得电缆本体变形。

3）缺陷照片

固定金具边缘挤压电缆的照片如图 3-100 所示。

（a）固定金具边缘挤压电缆使金具破损

（b）固定金具边缘挤压电缆

图 3-100 固定金具边缘挤压电缆

4）缺陷判定依据

《电气装置安装工程电缆线路施工及验收标准》（GB 50168—2018）第 6.1.8 条："电缆敷设时，电缆应从盘的上端引出，不应使电缆在支架上及地面摩擦拖拉。电缆上不得有铠装压扁、电缆绞拧、护层折裂等未消除的机械损伤。”

5）可能造成的危害

固定金具边缘挤压电缆，使电缆外护套破损或金属护套变形，影响电缆安全运行。

6）处置建议及示范案例

处置建议：

建议立即调整或更换相应的固定金具，保证电缆安全稳定运行。

示范案例：

调整或更换相应的固定金具的照片如图 3-101 所示。

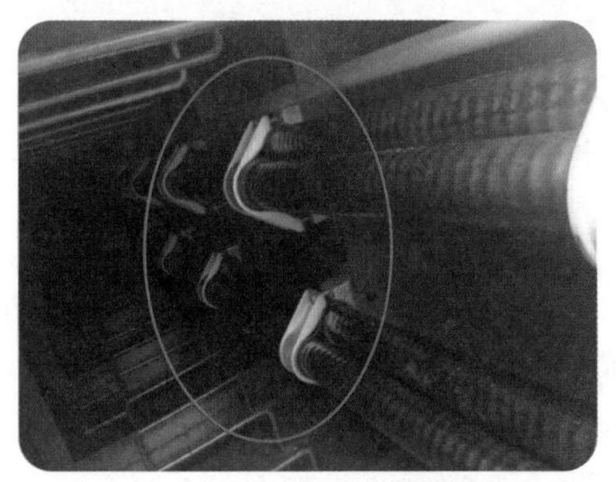

（a）调整相应的固定金具

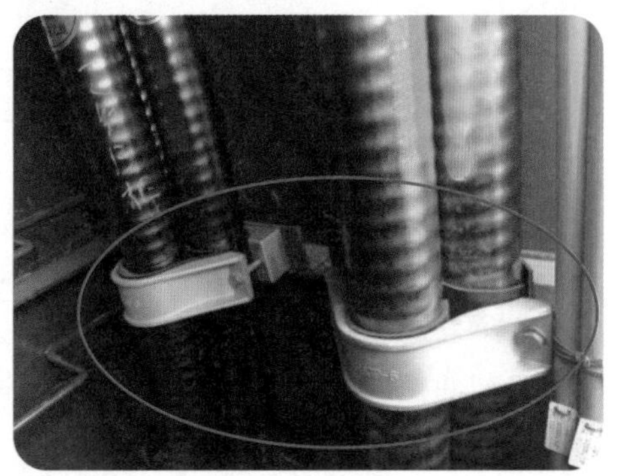

（b）更换相应的固定金具

图 3-101　调整或更换相应的固定金具

3.3.2　电缆附件竣工验收

电缆附件竣工验收如表 3-15 所示。

表 3-15　电缆附件竣工验收

序号	验收内容	关键点	缺陷举例
3.3.2	电缆附件竣工验收	电缆附件质量、施工工艺	1. 电缆固定不合格； 2. 电缆主绝缘表面有刀痕； 3. 附件安装弯曲； 4. 电缆绝缘表面存在半导电颗粒； 5. 电缆绝缘表面未打磨抛光； 6. 电缆外半导电层未平滑过渡

（一）电缆附件固定不合格

1）缺陷名称

电缆固定不合格。

2）缺陷描述

电缆附件敷设在支架上，支架上缺少抱箍、扎带或固定电缆的夹具。

3）缺陷照片

电缆固定不合格的照片如图 3-102 所示。

图 3-102　电缆固定不合格

4）缺陷判定依据

《电气装置安装工程电缆线路施工及验收标准》（GB 50168—2018）第 9.0.1 条："工程验收时应进行下列检查：3 电缆的固定、弯曲半径、相关间距和单芯电力电缆的金属护层的接线等应符合设计要求和本标准的规定，相位、极性排列应与设备连接相位、极性一致，并符合设计要求。"

5）可能造成的危害

电缆运行过程中因为负荷变化可能出现轻微移位及护套磨损，导致电缆故障。

6）处置建议及示范案例

处置建议：

使用抱箍、扎带或专用固定夹具对电缆附件进行固定，单芯电缆应使用非铁磁性材料固定。

示范案例：

电缆附件固定合格的照片如图 3-103 所示。

图 3-103　电缆附件固定合格

（二）电缆主绝缘表面有刀痕

1）缺陷名称

电缆主绝缘表面有刀痕。

2）缺陷描述

剥除外半导电屏蔽层时，美工刀用力过度，伤及电缆主绝缘表面。

3）缺陷照片

电缆主绝缘表面有刀痕的照片如图 3-104 所示。

图 3-104　电缆主绝缘表面有刀痕

4）缺陷判定依据

《额定电压 66kV ～ 220kV 交联聚乙烯绝缘电力电缆接头安装规程》（DL/T 342—

2010）第 6.1.5 条：“电缆接头规格应与电缆一致，零部件应齐全无损伤，绝缘材料不得受潮。壳体结构附件应预先组装，内壁清洁，结构尺寸符合工艺要求。”

5）可能造成的危害

（1）应力锥内表面存在杂质，使界面间产生悬浮电压，易导致应力锥与绝缘表面存在沿面放电通道。

（2）应力锥修补位置电场分布不均匀，易导致中间接头局部放电乃至击穿。

6）处置建议及示范案例

处置建议：

（1）主绝缘刀痕较浅，用砂纸打磨光滑，在安装时涂抹导电脂。

（2）刀痕较深，建议将此段切除，重新进行电缆附件预处理工艺。

示范案例：

电缆主绝缘表面无刀痕的照片如图 3-105 所示。

图 3-105　电缆主绝缘表面无刀痕

（三）附件安装弯曲

1）缺陷名称

附件安装弯曲缺陷。

2）缺陷描述

压接工艺不到位，电缆附件完全变形。

3）缺陷照片

电缆附件安装弯曲变形的照片如图 3-106 所示。

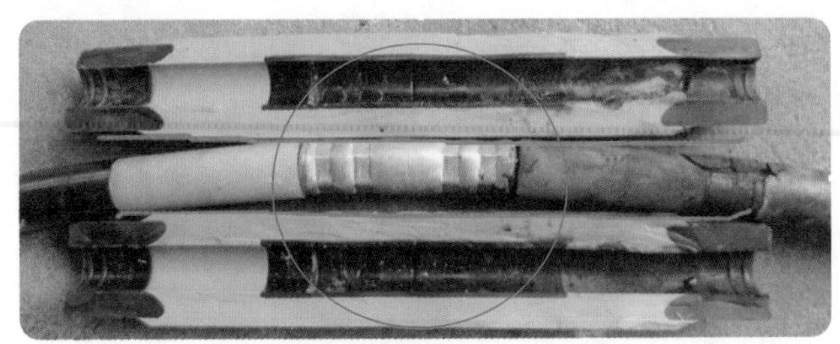

图 3-106　电缆附件安装弯曲变形

4）缺陷判定依据

《额定电压 66kV ～ 220kV 交联聚乙烯绝缘电力电缆接头安装规程》（DL/T 342—2010）第 6.1.5 条："电缆接头规格应与电缆一致，零部件应齐全无损伤，绝缘材料不得受潮。壳体结构附件应预先组装，内壁清洁，结构尺寸符合工艺要求。"

5）可能造成的危害

界面形成间隙，易导致沿面放电。

6）处置建议及示范案例

处置建议：

重新制作电缆附件。

示范案例：

附件安装未弯曲的照片如图 3-107 所示。

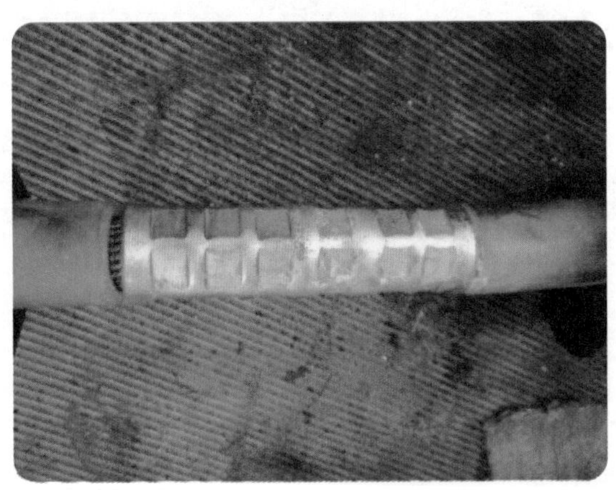

图 3-107　附件安装未弯曲

（四）电缆绝缘表面存在半导电颗粒

1）缺陷名称

电缆绝缘表面存在半导电颗粒。

2）缺陷描述

电缆外半导电剥离过程中，半导电颗粒残留在绝缘表面。

3）缺陷照片

电缆绝缘表面存在半导电颗粒的照片如图 3-108 所示。

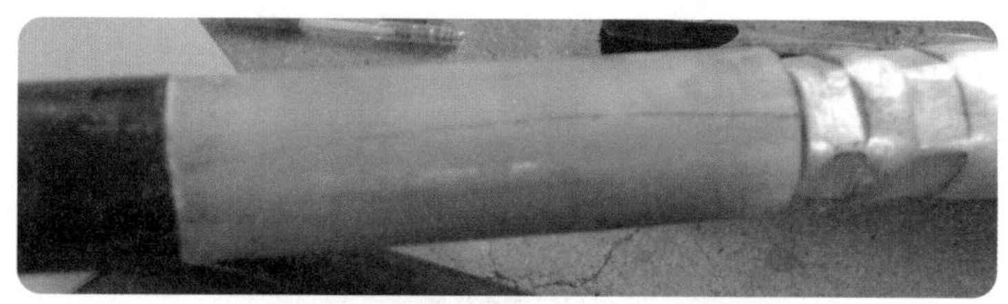

图 3-108 电缆绝缘表面存在半导电颗粒

4）缺陷判定依据

《额定电压 66kV ～ 220kV 交联聚乙烯绝缘电力电缆接头安装规程》（DL/T 342—2010）第 6.5.3 条："清除处理后的电缆绝缘表面上所有半导电材料的痕迹。"

5）可能造成的危害

如果电缆绝缘表面存在半导电颗粒，易造成沿面放电，导致电缆出现故障。

6）处置建议及示范案例

处置建议：

对电缆绝缘进行打磨及清洁，直至无半导电颗粒。

示范案例：

电缆绝缘表面无半导电颗粒的照片如图 3-109 所示。

图 3-109 电缆绝缘表面无半导电颗粒

（五）电缆绝缘表面未打磨抛光

1）缺陷名称

电缆绝缘表面未打磨抛光。

2）缺陷描述

电缆预处理过程中，电缆绝缘表面打磨抛光。

3）缺陷照片

电缆绝缘表面未打磨抛光的照片如图 3-110 所示。

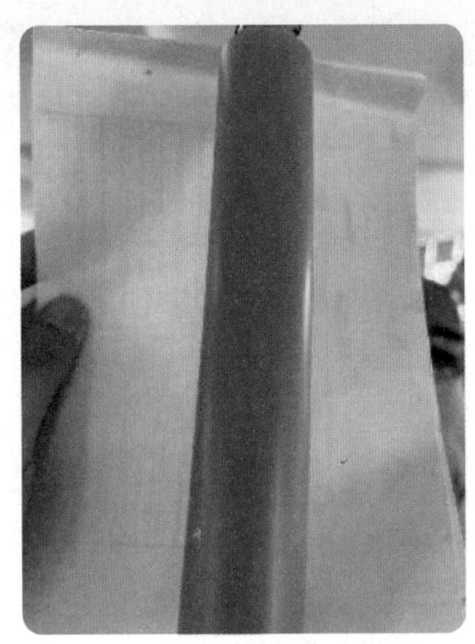

图 3-110　电缆绝缘表面未打磨抛光

4）缺陷判定依据

《额定电压 66kV ～ 220kV 交联聚乙烯绝缘电力电缆接头安装规程》（DL/T 342—2010）第 6.4.8 条："打磨抛光处理完毕后，绝缘表面的粗糙度（目视检测）宜按照工艺要求执行，如未注明宜控制在：110kV 电压等级不大于 300μm，220kV 电压等级不大于 100μm，现场可用平行光源进行检查。"

5）可能造成的危害

电缆绝缘表面与附件内壁出现界面间隙，产生局部放电，导致电缆出现故障。

6）处置建议及示范案例

处置建议：

附件安装前对电缆绝缘表面进行打磨抛光处理，以保证电缆绝缘表面粗糙度满足安装要求。

示范案例：

电缆绝缘表面打磨均匀的照片如图 3-111 所示。

图 3-111 电缆绝缘表面打磨均匀

（六）电缆外半导电层未平滑过渡

1）缺陷名称

电缆外半导电层未平滑过渡。

2）缺陷描述

电缆外半导电层处理时需要平滑过渡，不允许有台阶、尖角、不平整现象。

3）缺陷照片

电缆外半导电层未平滑过渡的照片如图 3-112 所示。

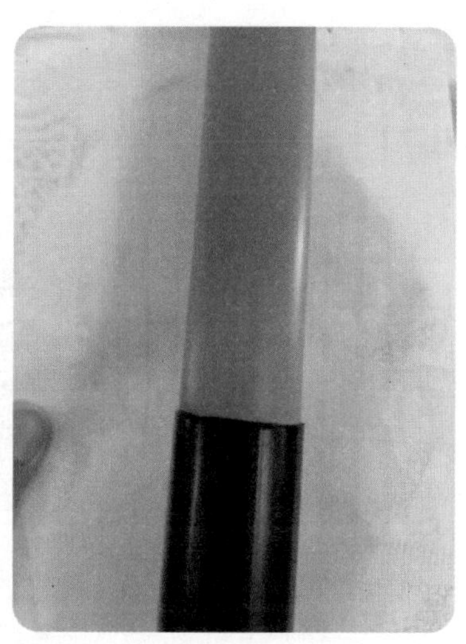

图 3-112 电缆外半导电层未平滑过渡

4）缺陷判定依据

《额定电压 66kV ～ 220kV 交联聚乙烯绝缘电力电缆接头安装规程》（DL/T 342—2010）第 6.1.5 条：“安装电缆接头前，应检查电缆附件材料……零部件应齐全无损伤。”

5）可能造成的危害

电缆外半导电层与绝缘表面与附件内壁出现界面间隙，产生局部放电，导致电缆出现故障。

6）处置建议及示范案例

处置建议:

电缆预处理过程中对外半导电层做平滑过渡。

示范案例:

外半导电层平滑过渡的照片如图 3-113 所示。

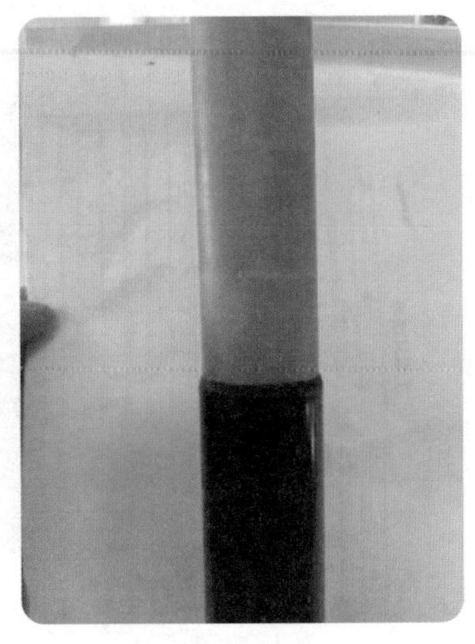

图 3-113　外半导电层平滑过渡

3.3.3　电缆附属设施竣工验收

电缆附属设施竣工验收如表 3-16 所示。

表 3-16　电缆附属设施竣工验收

序号	验收内容	关键点	缺陷举例
3.3.3	电缆附属设施竣工验收	电缆支架	1. 电缆支架锈蚀； 2. 电缆支架松动

（一）电缆支架锈蚀

1）缺陷名称

电缆支架锈蚀。

2）缺陷描述

由于现场环境、产品质量等原因，电缆固定支架出现锈蚀现象。

3）缺陷照片

电缆固定支架锈蚀的照片如图 3-114 所示。

图 3-114　电缆固定支架锈蚀

4）缺陷判定依据

《电气装置安装工程电缆线路施工及验收标准》（GB 50168—2018）第 5.2.1 条：“电缆支架的加工应符合下列规定：3 金属电缆支架必须进行防腐处理。位于湿热、盐雾以及有化学腐蚀地区时，应根据设计做特殊的防腐处理。”

5）可能造成的危害

影响电缆支架的机械性能、电气性能，如支架断裂可能造成电缆故障。

6）处置建议及示范案例

处置建议：

更换不合格的电缆固定支架，要求制造支架厂家出具质量检测报告和出厂合格证。

示范案例：

更换锈蚀的电缆固定支架如图 3-115 所示。

图 3-115　更换锈蚀的电缆固定支架

（二）电缆支架松动

1）缺陷名称

电缆支架松动。

2）缺陷描述

由于施工人员工作疏忽或者支架质量不合格等原因，电缆固定支架出现松动情况。

3）缺陷照片

电缆支架松动的照片如图 3-116 所示。

图 3-116　电缆支架松动

4）缺陷判定依据

《电气装置安装工程电缆线路施工及验收标准》（GB 50168—2018）第 5.2.1 条：“电缆支架的加工应符合下列规定：1 钢材应平直，应无明显扭曲；下料偏差应在 5mm 以内，切口应无卷边、毛刺，靠通道侧应有钝化处理。2 支架焊接应牢固，应无显著变形；各横撑间的垂直净距与设计偏差不应大于 5mm。”

5）可能造成的危害

影响电缆支架的机械性能，如支架断裂可能造成电缆故障。

6）处置建议及示范案例

处置建议：

加固原有电缆支架或更换新电缆支架，保证电缆支架机械性能稳固。

示范案例：

更换或加固松动的电缆固定支架的照片如图 3-117 所示。

图 3-117　更换或加固松动的电缆固定支架

第 4 章 电力电缆运维管理

4.1 巡视过程中发现的缺陷和隐患

4.2 带电检测发现的缺陷和隐患

4.3 在线监测发现的缺陷和隐患

4.1 巡视过程中发现的缺陷和隐患

巡视是电缆运维管理中的一个重要环节，定期性巡视是发现隐患的主要途径。电缆巡视通常包括电缆本体及附件巡视、通道巡视、附属设施巡视等。本节主要收录了电缆本体及附件的巡视，电缆通道的巡视，电缆沟井、隧道内部的巡视，电缆分支箱的巡视，电缆附属设施的巡视过程中发现的缺陷，并对缺陷描述、判定及处置建议进行说明。

4.1.1 电缆本体及附件的巡视

电缆本体及附件的巡视如表 4-1 所示。

表 4-1 电缆本体及附件的巡视

序号	巡视内容	关键点	缺陷举例
4.1.1	电缆本体及附件的巡视	电缆本体、附件、附属设备设施	1. 电缆本体、附件标志缺失； 2. 电缆本体、中间接头堆叠排布； 3. 电缆上杆保护管缺失、损坏； 4. 通信光缆与电力电缆同沟时未采取有效的隔离措施； 5. 电缆中间接头浸水运行； 6. 电缆中间接头未采取防火、阻燃措施； 7. 电缆终端接地不良； 8. 电缆终端有放电痕迹； 9. 电缆终端连接部位受潮

（一）电缆本体、附件标志缺失

1）缺陷名称

电缆本体、附件标志缺失。

2）缺陷描述

电缆线路的标志及编号不齐全、不清晰；标志牌未包含电压等级、线路名称、相别、型号规格、制造厂家等产品信息，以及安装单位及人员、安装时间等安装信息；电缆终端相位标志不清晰、不正确。

3）缺陷照片

电缆本体、附件标缺失的照片如图 4-1 所示。

图 4-1 电缆本体、附件标志缺失

4）缺陷判定依据

《配电网运行规程》（Q/GDW 519—2014）中 6.3 节，以及《电力电缆及通道技术规范》（Q/GDW 11790—2017）中 6.2、6.3 节的条款要求。

5）可能造成的危害

电缆线路运维、检修、抢修过程中电缆及附件识别困难。

6）处置建议及示范案例

处置建议：

补充设置电缆本体、附件的标志，如图 4-2 所示。

图 4-2 补充设置电缆本体、附件的标志

（二）电缆本体、中间接头堆叠排布

1）缺陷名称

电缆本体、中间接头堆叠排布。

2）缺陷描述

电缆线路排布应整齐规范，并按电压等级的高低从下到上分层排列。

3）缺陷照片

电缆本体、中间接头堆叠排布的照片如图 4-3 所示。

图 4-3　电缆本体、中间接头堆叠排布

4）缺陷判定依据

《配电网运行规程》（Q/GDW 519—2014）中 6.3.3 节的条款要求。

5）可能造成的危害

如果电缆本体、中间接头堆叠排布，会造成电缆本体绝缘受损、电缆中间接头内部电场畸变，进而发生电缆线路故障。电缆线路一旦发生故障，易对邻近电缆放电，扩大事故范围。

6）处置建议及示范案例

将电缆本体、中间接头敷设于电缆支架上方，整齐排布，如图 4-4 所示。

图 4-4　电缆本体、中间接头敷设于电缆支架上方，整齐排布

（三）电缆上杆保护管缺失、损坏

1）缺陷名称

电缆上杆保护管缺失、损坏。

2）缺陷描述

电缆上杆部分应采取保护措施，防止电缆外露部分受到损伤。

3）缺陷照片

电缆上杆保护管缺失、受到损坏的照片如图 4-5 所示。

图 4-5　电缆上杆保护管缺失、受到损坏

4）缺陷判定依据

《配电网运行规程》（Q/GDW 519—2014）中 6.3.4 节的条款要求。

5）可能造成的危害

电缆外露部分损伤，造成电缆故障。

6）处置建议及示范案例

电缆上杆外露部分设置保护墩及保护管，加强巡视，如图 4-6 所示。

图 4-6　电缆上杆外露部分设置保护墩及保护管

（四）通信光缆与电力电缆同沟时未采取有效的隔离措施

1）缺陷名称

通信光缆与电力电缆同沟时未采取有效的隔离措施。

2）缺陷描述

通信光缆与电力电缆同沟时，应采取加隔板、穿管等有效的隔离措施。

3）缺陷照片

通信光缆与电力电缆同沟时未采取有效的隔离措施的照片如图 4-7 所示。

图 4-7　通信光缆与电力电缆同沟时未采取有效的隔离措施

4）缺陷判定依据

《配电网运行规程》（Q/GDW 519—2014）中 6.3.3 节的条款要求。

5）可能造成的危害

电缆敷设、运行、抢修过程中，易造成通信光缆损坏。

6）处置建议及示范案例

通信光缆与电力电缆同沟时采取加隔板、穿管等有效的隔离措施，如图 4-8 所示。

图 4-8　通信光缆与电力电缆同沟时采取有效的隔离措施

（五）电缆中间接头浸水运行

1）缺陷名称

电缆中间接头浸水运行。

2）缺陷描述

电缆中间接头应水平放置于支架上方，防止中间接头受潮进水。

3）缺陷照片

电缆中间接头浸水运行的照片如图 4-9 所示。

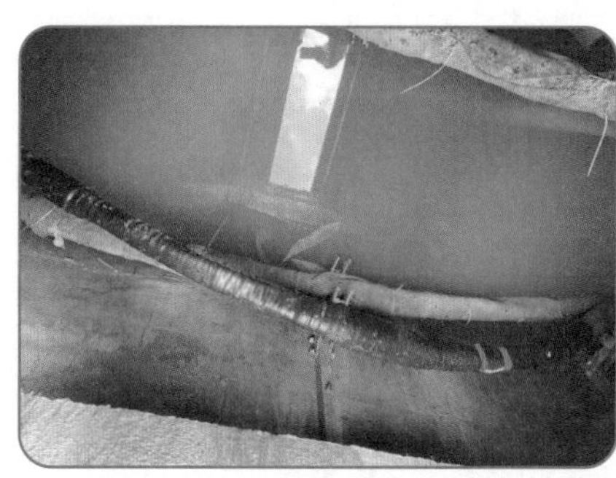

图 4-9 电缆中间接头浸水运行

4）缺陷判定依据

《配电网运行规程》（Q/GDW 519—2014）中 6.3.5 节的条款要求。

5）可能造成的危害

造成电缆中间接头受潮进水，从而使电缆中间接头出现故障。

6）处置建议及示范案例

将电缆中间接头水平放置于支架上方，保持良好的运行环境，如图 4-10 所示。

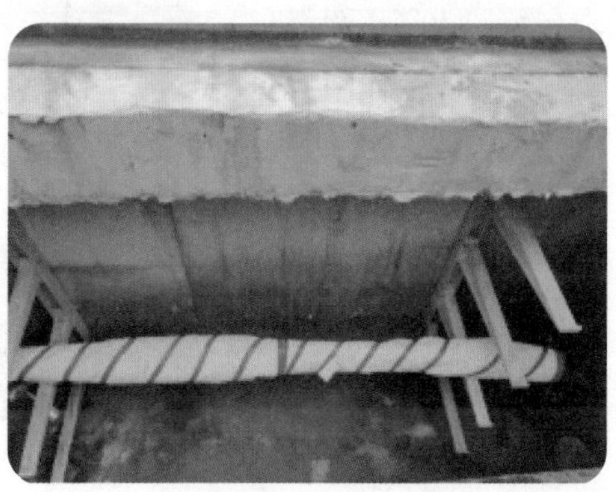

图 4-10 电缆中间接头水平放置于支架上方

（六）电缆中间接头未采取防火、阻燃措施

1）缺陷名称

电缆中间接头未采取防火、阻燃措施。

2）缺陷描述

电缆中间接头应采取包绕防火毯、包绕阻燃包带、设置电缆中间接头保护盒等防火、阻燃措施。

3）缺陷照片

电缆中间接头未采取防火、阻燃措施的照片如图 4-11 所示。

图 4-11　电缆中间接头未采取防火、阻燃措施

4）缺陷判定依据

《配电网运行规程》（Q/GDW 519—2014）中 6.3.5 节的条款要求。

5）可能造成的危害

电缆中间接头出现故障时可能会造成电缆线路起火燃烧，扩大事故影响范围。

6）处置建议及示范案例

电缆中间接头应采取包绕防火毯（阻燃包带）、加保护盒等防火、阻燃措施，如图 4-12 所示。

图 4-12　电缆中间接头采取防火、阻燃措施

（七）电缆终端接地不良

1）缺陷名称

电缆终端接地不良。

2）缺陷描述

电缆终端未良好接地，电缆终端产生悬浮电位放电，造成电缆终端故障。

3）缺陷照片

电缆终端接地不良的照片如图 4-13 所示。

图 4-13　电缆终端接地不良

4）缺陷判定依据

《配电网运行规程》（Q/GDW 519—2014）中 6.3.4 节的条款要求。

5）可能造成的危害

电缆终端故障。

6）处置建议及示范案例

电缆终端设置良好接地，如图 4-14 所示，必要时更换电缆终端。

图 4-14　电缆终端设置良好接地

（八）电缆终端有放电痕迹

1）缺陷名称

电缆终端有放电痕迹。

2）缺陷描述

电缆终端及硅橡胶伞裙套应无放电、脏污、损伤、裂纹和闪络痕迹。

3）缺陷照片

电缆终端有放电痕迹如图 4-15 所示。

图 4-15　电缆终端有放电痕迹

4）缺陷判定依据

《配电网运行规程》（Q/GDW 519—2014）中 6.3.4 节的条款要求。

5）可能造成的危害

电缆终端故障。

6）处置建议及示范案例

处置建议：

更换电缆终端。

示范案例：

电缆终端无放电痕迹的照片如图 4-16 所示。

图 4-16　电缆终端无放电痕迹

（九）电缆终端连接部位受潮

1）缺陷名称

电缆终端连接部位受潮。

2）缺陷描述

电缆终端运行环境湿度过高，造成电缆连接部位受潮。

3）缺陷照片

电缆终端连接部位受潮的照片如图 4-17 所示。

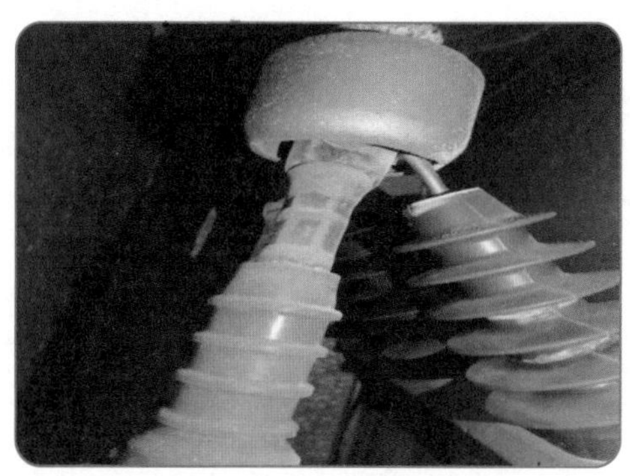

图 4-17　电缆终端连接部位受潮

4）缺陷判定依据

《配电网运行规程》（Q/GDW 519—2014）中 6.3.4 节的条款要求。

5）可能造成的危害

电缆终端故障。

6）处置建议及示范案例

处置建议：

保持良好的运行环境，必要时更换电缆终端，定期进行红外测温。

示范案例：

电缆终端无受潮现象的照片如图 4-18 所示。

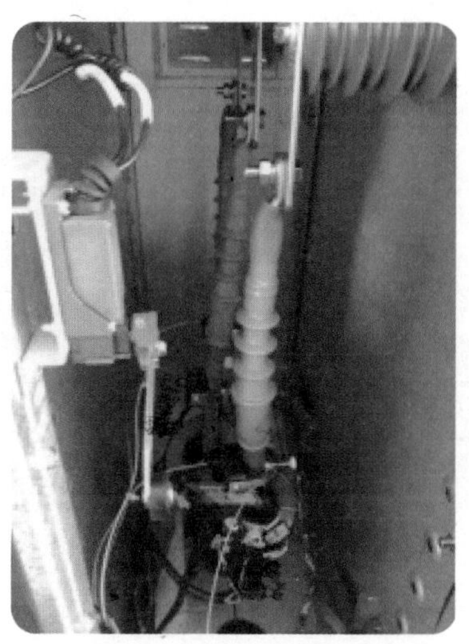

图 4-18　电缆终端无受潮现象

4.1.2 电缆通道的巡视

电缆通道的巡视如表 4-2 所示。

表 4-2 电缆通道的巡视

序号	巡视内容	关键点	缺陷举例
4.1.2	电缆通道的巡视	电缆通道周围施工情况、电缆通道基础、电缆工井、标志桩等	1. 电缆通道周边有挖掘、打桩、拉管、顶管等施工； 2. 电缆通道上方堆置重物； 3. 电缆通道、井盖破损； 4. 电缆通道、井盖沉降； 5. 电缆工井盖缺失、未排列紧密； 6. 电缆工井掩埋； 7. 电缆线路地面标志桩破损、歪斜、缺失； 8. 电缆通道周围种植树木

（一）电缆通道周边有挖掘、打桩、拉管、顶管等施工

1）缺陷名称

电缆通道周边有挖掘、打桩、拉管、顶管等施工。

2）缺陷描述

电缆通道周边有挖掘、打桩、拉管、顶管等施工，对电缆及构筑物会构成外力破坏的隐患。电力电缆保护区为电缆线路地面标志桩两侧各 0.75m 所形成的两平行线内的区域。

3）缺陷照片

电缆通道周边有挖掘、打桩、拉管、顶管等施工的照片如图 4-19 所示。

图 4-19 电缆通道周边有挖掘、打桩、拉管、顶管等施工

4）缺陷判定依据

《配电网运行规程》（Q/GDW 519—2014）中 7.3.1 节的条款要求。

5）可能造成的危害

电缆及构筑物遭受外力破坏，造成电缆线路故障、通道损坏。

6）处置建议及示范案例

处置建议：

对开挖区域电缆及通道做好相应的保护措施，标明保护范围，并设置危险点档案，加强巡视。

示范案例：

电缆通道有保护措施的照片如图 4-20 所示。

图 4-20 电缆通道有保护措施

（二）电缆通道上方堆置重物

1）缺陷名称

电缆通道上方堆置重物。

2）缺陷描述

电缆通道上方堆置重物，电缆及构筑物有外力破坏隐患。

3）缺陷照片

电缆通道上方堆置重物的照片如图 4-21 所示。

图 4-21 电缆通道上方堆置重物

4）缺陷判定依据

《配电网运行规程》（Q/GDW 519—2014）中 6.3.1 节的条款要求。

5）可能造成的危害

电缆及构筑物遭受外力破坏，造成电缆线路故障、通道损坏。

6）处置建议及示范案例

处置建议：

移除重物，修复或新建电缆通道。

示范案例：

移除重物、修复通道的照片如图 4-22 所示。

图 4-22　移除重物、修复通道

（三）电缆通道、井盖破损

1）缺陷名称

电缆通道、井盖破损。

2）缺陷描述

电缆通道、井盖破损，对电缆安全运行及道路正常通行造成隐患。

3）缺陷照片

电缆通道、井盖破损的照片如图 4-23 所示。

图 4-23　电缆通道、井盖破损

4）缺陷判定依据

《配电网运行规程》（Q/GDW 519—2014）中 6.3.1 节的条款要求。

5）可能造成的危害

影响电缆正常运行，威胁车辆和行人的安全。

6）处置建议及示范案例

处置建议：

修复电缆通道，更换破损井盖。

示范案例：

修复电缆通道，更换破损井盖的照片如图 4-24 所示。

图 4-24　修复电缆通道，更换破损井盖

（四）电缆通道、井盖沉降

1）缺陷名称

电缆通道、井盖沉降。

2）缺陷描述

电缆通道、井盖沉降，对电缆安全运行及道路正常通行造成隐患。

3）缺陷照片

电缆通道、井盖沉降的照片如图 4-25 所示。

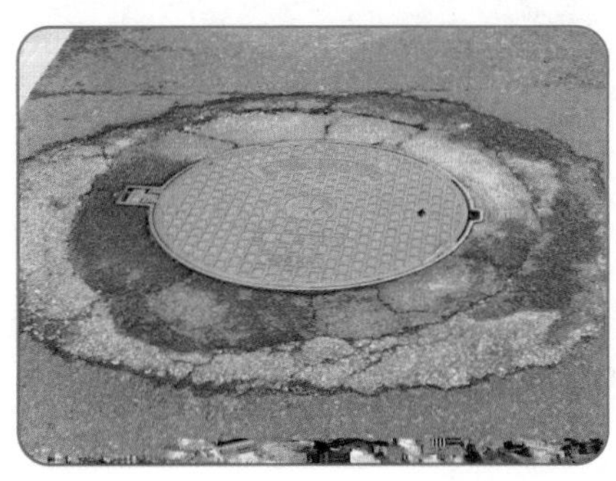

图 4-25　电缆通道、井盖沉降

4）缺陷判定依据

《配电网运行规程》（Q/GDW 519—2014）中 6.3.1 节的条款要求。

5）可能造成的危害

影响电缆正常运行，威胁车辆和行人安全。

6）处置建议及示范案例

处置建议：

修复井盖、电缆通道。

示范案例：

修复井盖、电缆通道的照片如图 4-26 所示。

图 4-26　修复井盖、电缆通道

（五）电缆工井盖缺失、未排列紧密

1）缺陷名称

电缆工井盖缺失、未排列紧密。

2）缺陷描述

电缆工井盖缺失、未排列紧密，对电缆安全运行及道路正常通行造成隐患。

3）缺陷照片

电缆工井盖缺失、未排列紧密的照片如图 4-27 所示。

图 4-27　电缆工井盖缺失、未排列紧密

4）缺陷判定依据

《配电网运行规程》（Q/GDW 519—2014）中 6.3.1 节的条款要求。

5）可能造成的危害

影响电缆正常运行，威胁车辆和行人的安全。

6）处置建议及示范案例

处置建议：

补充电缆工井盖，调整电缆工井盖排布。

示范案例：

补充电缆工井盖、调整电缆工井盖排布的照片如图 4-28 所示。

图 4-28　补充电缆工井盖、调整电缆工井盖排布

（六）电缆工井掩埋

1）缺陷名称

电缆工井掩埋。

2）缺陷描述

电缆工井被绿化、回土等掩埋，现场寻找

原有电缆工井困难。

3）缺陷照片

电缆工井被掩埋的照片如图 4-29 所示。

图 4-29　电缆工井被掩埋

4）缺陷判定依据

《配电网运行规程》（Q/GDW 519—2014）中 6.3.1 节的条款要求。

5）可能造成的危害

影响电缆正常运行、检修、抢修等，无法正常敷设新电缆。

6）处置建议及示范案例

处置建议：

开挖、抬高原有电缆工井。

示范案例：

开挖、抬高原有电缆工井的照片如图 4-30 所示。

图 4-30　开挖、抬高原有电缆工井

（七）电缆线路地面标志桩破损、歪斜、缺失

1）缺陷名称

电缆线路地面标志桩破损、歪斜、缺失。

2）缺陷描述

电缆线路地面标志桩破损、歪斜、缺失，电缆及构筑物有外力破坏隐患。

3）缺陷照片

电缆线路地面标志桩破损、歪斜、缺失的照片如图 4-31 所示。

图 4-31 电缆线路地面标志桩破损、歪斜、缺失

4）缺陷判定依据

《配电网运行规程》（Q/GDW 519—2014）中 7.3.1 节的条款要求。

5）可能造成的危害

影响电缆正常运行，威胁行人安全。

6）处置建议及示范案例

处置建议：

重新设置电缆线路地面标志桩。

示范案例：

重新设置电缆线路地面标志桩的照片如图 4-32 所示。

图 4-32 重新设置电缆线路地面标志桩

（八）电缆通道周围种植有树木

1）缺陷名称

电缆通道周围种植有树木。

2）缺陷描述

在电力电缆保护区内种植树木、堆放杂物、兴

建构筑物，影响电缆安全运行。

3）缺陷照片

电缆通道周围种植有树木的照片如图 4-33 所示。

图 4-33　电缆通道周围种植有树木

4）缺陷判定依据

《电力电缆及通道运维规程》（Q/GDW 1512—2014）中 8.2.2 节的条款要求。

5）可能造成的危害

影响电缆正常运行，威胁行人安全。

6）处置建议及示范案例

处置建议：

移除电缆通道周围的树木。

示范案例：

移除电缆通道周围的树木的照片如图 4-34 所示。

图 4-34　移除电缆通道周围的树木

4.1.3 电缆沟井、隧道内部的巡视

电缆沟井、隧道内部的巡视如表 4-3 所示。

表 4-3 电缆沟井、隧道内部的巡视

序号	巡视内容	关键点	缺陷举例
4.1.3	电缆沟井、隧道内部的巡视	电缆沟井或隧道内部地基、积水、积物、孔洞封堵情况、管线交叉等	1. 电缆沟井、隧道内部墙体下沉坍塌； 2. 电缆沟井、隧道内部积水（腐蚀性液体）； 3. 电缆沟井、隧道内部积存易燃易爆物； 4. 电缆沟井、隧道内部空余管孔未封堵； 5. 电缆沟井、隧道内部其他管线交叉； 6. 电缆盖板跌落

（一）电缆沟井、隧道内部地基或墙体坍塌

1）缺陷名称

电缆沟井、隧道内部墙体下沉坍塌。

2）缺陷描述

电缆沟井、隧道地基不均匀沉降，外力堆压引起墙体变形，周边超深开挖引起地基或墙体出现裂缝、下沉或坍塌现象。

3）缺陷照片

电缆沟井、隧道内部墙体下沉坍塌的照片如图 4-35 所示。

图 4-35 电缆沟井、隧道内部墙体下沉坍塌

4）缺陷判断依据

《电力电缆及通道运维规程》（Q/GDW 1512—2014）附录 I“电缆及通道缺陷分类及判断依据”。

5）可能造成的危害

造成电缆沟井、隧道的坍塌，造成内部电缆本体及附件受损，情况严重可能引起电缆线路故障。

6）处置建议

在巡视过程中，如果缺陷分类为一般缺陷的电缆沟井、隧道内地基或墙体坍塌，应加强巡视；如果缺陷分类为危急、严重缺陷的电缆沟井、隧道内地基或墙体坍塌，应对电缆沟井、隧道坍塌位置进行加固和修复。

（二）电缆沟井、隧道内部积水（腐蚀性液体）

1）缺陷名称

电缆沟井、隧道内部积水（腐蚀性液体）。

2）缺陷描述

电缆沟井、隧道内因雨水或与河道贯通等情况，在内部出现大量积水。

3）缺陷照片

电缆沟井、隧道内部积水（腐蚀性液体）的照片如图 4-36 所示。

图 4-36　电缆沟井、隧道内部积水（腐蚀性液体）

4）缺陷判断依据

《电力电缆及通道运维规程》（Q/GDW 1512—2014）附录 I“电缆及通道缺陷分类及判断依据”。

5）可能造成的危害

电缆沟井、隧道内的积水会沿着故障点进入电缆内部，产生水树老化现象，水汽会沿着电缆中间接头的端部进入内部，形成局部放电。若为腐蚀性液体，会腐蚀电缆外护套、铠装及绝缘部分，影响电缆线路的正常运行。

6）处置建议

在巡视过程中，如果缺陷分类为一般缺陷的电缆沟井、隧道内积水，应加强巡视；如果缺陷分类为危急、严重缺陷的电缆沟井和隧道内积水，应给电缆沟井抽水或把电缆中间接头抬高，电缆应更换为阻水结构。积水缺陷分类的判断如表 4-4 所示。

表 4-4 积水缺陷分类的判断

部件	部位	缺陷描述	判断依据	缺陷分类	对应状态量
电缆沟井	接头电缆沟井	积水	电缆沟井内存在积水现象，且敷设的电缆未采用阻水结构，接头未浸水但其有浸水的趋势；电缆沟井内接头 50% 以下的体积浸水	一般	接头电缆沟井积水
			电缆沟井内存在积水现象，且敷设的电缆未采用阻水结构，电缆沟井内接头 50% 以上的体积浸水	严重	
			电缆沟井内存在积水现象，但敷设电缆采用阻水结构，电缆沟井内接头 50% 以上的体积浸水且浸水时间超过 1 个巡检周期	危急	

（三）电缆沟井或隧道内部积存易燃、易爆物

1）缺陷名称

电缆沟井或隧道内部积存易燃、易爆物。

2）缺陷描述

电缆沟井或隧道内部积存有油类液体、泡沫塑料、甲烷气体等易燃易爆物。

3）缺陷照片

电缆沟井、隧道内部积存易燃易爆物的照片如图 4-37 所示。

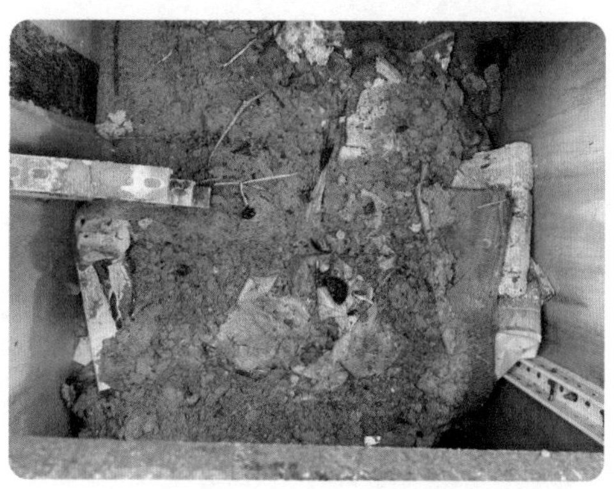

图 4-37 电缆沟井、隧道内部积存易燃易爆物

4）缺陷判断依据

《电力电缆及通道运维规程》（Q/GDW 1512—2014）中 8.3.4 节的条款要求。

5）可能造成的危害

电缆沟井、隧道内部积存有易燃易爆物，会引起内部火灾，甚者可能发生爆炸，直接导致电缆线路出现故障。

6）处置建议

电缆沟井、隧道内部积存有易燃易爆物，应立即安排现场清理。

（四）电缆沟井、隧道内部空余管孔未封堵

1）缺陷名称

电缆沟井、隧道内部空余管孔未封堵。

2）缺陷描述

电缆沟井、隧道内部空余管孔未采取有效封堵措施。

3）缺陷照片

电缆沟井、隧道内部空余管孔未封堵的照片如图 4-38 所示。

图 4-38　电缆沟井、隧道内部空余管孔未封堵

4）缺陷判断依据

《电力电缆及通道运维规程》（Q/GDW 1512—2014）附录 I “电缆及通道缺陷分类及判断依据”。

5）可能造成的危害

电缆沟井、隧道内部空余管孔未采用有效封堵措施，泥沙、石子等异物进入管孔中，造成管孔堵塞。

6）处置建议

按照空余管孔尺寸，安装压力封堵管塞。

（五）电缆沟井、隧道内部其他管线交叉

1）缺陷名称

电缆沟井、隧道内部其他管线交叉。

2）缺陷描述

电缆本体及附件与热力管道或易燃易爆管道（如煤气或天然气管道、输油管道）不满足规程要求。

3）缺陷照片

电缆沟井、隧道内部其他管线交叉的照片如图 4-39 所示。

图 4-39 电缆沟井、隧道内部其他管线交叉

4）缺陷判断依据

《城市工程管线综合规划规范》（GB 50289—2016）中 4.1.14 节“工程管线交叉时的最小垂直净距”。

5）可能造成的危害

电缆本体及附件与热力管道或易燃易爆管道（如煤气或天然气管道、输油管道）不满足规程要求，会造成电缆过热，引起绝缘加速老化，易燃易爆物发生故障时，会影响内部电缆线路的正常运行。

6）处置建议

按照工程管线交叉时的最小垂直净距要求更改，应进行管线迁移或者用隔热、混凝土等材料包裹。

（六）电缆盖板跌落

1）缺陷名称

电缆盖板跌落。

2）缺陷描述

电缆盖板因损坏掉入电缆沟井、隧道中。

3）缺陷照片

电缆盖板跌落的照片如图 4-40 所示。

图 4-40　电缆盖板跌落

4）缺陷判断依据

《电力电缆及通道运维规程》（Q/GDW 1512—2014）附录 I “电缆及通道缺陷分类及判断依据”。

5）可能造成的危害

电缆盖板因损坏掉入电缆沟井、隧道中，甚至砸中电缆本体或电缆中间接头，造成电缆线路故障。

6）处置建议

应尽快安排现场处理，取出跌落的电缆盖板，如发现砸中电缆本体或电缆附件，应安排检修消缺。

4.1.4　电缆分支箱的巡视

电缆分支箱的巡视如表 4-5 所示。

表 4-5 电缆分支箱的巡视

序号	巡视内容	关键点	缺陷举例
4.1.4	电缆分支箱的巡视	电缆分支箱外壳、标志等	1. 电缆分支箱外壳锈蚀、损坏； 2. 电缆分支箱标志不全

（一）电缆分支箱外壳锈蚀、损坏

1）缺陷名称

电缆分支箱外壳锈蚀、损坏。

2）缺陷描述

电缆分支箱周围土壤被挖掘或有沉陷，电缆外露，固定螺栓松动；外壳体锈蚀，外壳油漆剥落，内装式铰链门开合不灵敏。

3）缺陷照片

电缆分支箱外壳锈蚀的照片如图 4-41 所示。

图 4-41　电缆分支箱外壳锈蚀

4）缺陷判断依据

《配网运行规程》（Q/GDW 519—2014）中 6.3.6 节的要求。

5）可能造成的危害

易造成电缆本体和附件受损。

6）处置建议

应尽快安排现场处理，更换电缆分支箱外壳，如发现电缆本体和附件受损，应安排检修。

（二）电缆分支箱标志不全

1）缺陷名称

电缆分支箱标志不全。

2）缺陷描述

电缆分支箱的名称、铭牌、警告标志、一次接线图模糊缺失，电缆铭牌不齐全。

3）缺陷照片

电缆分支箱标志不全的照片如图 4-42 所示。

图 4-42　电缆分支箱标志不全

4）缺陷判断依据

《配网运行规程》（Q/GDW 519—2014）中 6.3.6 节的要求。

5）可能造成的危害

电缆分支箱标志不全或缺失，致使现场运行设备无法准确识别，易引起误操作。

6）处置建议

应尽快安排现场处理，按照正确命名补齐相应的标志。

4.1.5 电缆附属设施的巡视

电缆附属设施的巡视如表 4-6 所示。

表 4-6 电缆附属设施的巡视

序号	巡视内容	关键点	缺陷举例
4.1.5	电缆附属设施的巡视	电缆支架、上杆保护管等	1. 电缆沟井或隧道内部支架锈蚀、破损； 2. 上杆电缆保护管或抱箍锈蚀、破损； 3. 接地电阻不合格

（一）电缆沟井或隧道内部支架锈蚀、破损

1）缺陷名称

电缆沟井或隧道内部支架锈蚀、破损。

2）缺陷描述

电缆沟井、隧道内部支架因环境潮湿、腐蚀和外力而造成锈蚀、破损。

3）缺陷照片

电缆沟井或隧道内部支架锈蚀、破损的照片如图 4-43 所示。

图 4-43 电缆沟井或隧道内部支架锈蚀、破损

4）缺陷判断依据

《电力电缆及通道运维规程》（Q/GDW 1512—2014）附录 I “电缆及通道缺陷分类及判断依据”。

5）可能造成的危害

支架锈蚀或破损，造成支架上的电缆本体和电缆附件从支架上坠落。

6）处置建议

按照缺陷分类等级，对支架及其接地部分进行维修、更换。

电缆沟井、隧道内部支架锈蚀、破损缺陷分类如表 4-7 所示。

表 4-7　电缆沟井或隧道内部支架锈蚀、破损缺陷分类

部件	缺陷描述	判断依据	缺陷分类	对应状态量
电缆支架	外观锈蚀、破损	存在锈蚀、破损情况	一般	电缆支架外观
	接地性能不良	存在接地不良现象	一般	电缆支架接地性能
	缺件	缺少的辅材较少，没有威胁到支架稳定	一般	其他
		辅材缺少较多或缺少主材，威胁到支架稳定	严重	

（二）上杆电缆保护管或抱箍锈蚀、破损

1）缺陷名称

上杆电缆保护管或抱箍锈蚀、破损。

2）缺陷描述

因环境或使用年限因素，上杆电缆保护管或抱箍本体锈蚀、未隔磁或破损。

3）缺陷照片

上杆电缆保护管或抱箍锈蚀、破损的照片如图 4-44 所示。

图 4-44　上杆电缆保护管或抱箍锈蚀、破损

4）缺陷判断依据

《电力电缆及通道运维规程》（Q/GDW 1512—2014）附录I“电缆及通道缺陷分类及判断依据”。

5）可能造成的危害

上杆电缆保护管或抱箍破损，会造成电缆无保护措施，受到车撞等外力后容易发生故障；同时如果抱箍未有效固定电缆，容易使电缆底部和顶部受力，造成绝缘受损。

6）处置建议

发现上杆电缆保护管或抱箍损坏，应及时修理或更换。

（三）接地电阻不合格

1）缺陷名称

接地电阻不合格。

2）缺陷描述

电缆终端、通道和支架未有效接地，主接地因锈蚀、松动等原因，导致接地电阻不良，大于1Ω。

3）缺陷照片

接地电阻不合格的照片如图4-45所示。

图4-45　接地电阻不合格

4）缺陷判断依据

《电力电缆及通道运维规程》（Q/GDW 1512—2014）附录I“电缆及通道缺陷分类及判断依据”。

5）可能造成的危害

电缆终端、通道和支架未有效接地，接地电阻大于规范值，发生接地故障时，可能造成电缆本体或电缆附件的损坏。

6）处置建议

发现电缆终端、通道和支架接地松动、锈蚀和损坏时，应及时修理或更换。

4.2 带电检测发现的缺陷和隐患

带电检测是电缆运维管理中发现隐患的重要手段之一。通过带电检测，能够有效发现日常巡视中难以发现的问题，同时有效保障电缆运行的可靠性。本节主要收录了电缆本体及附件温度的检测、电缆本体及附件局部放电的检测、开关柜局部放电检测中的典型缺陷，并对缺陷描述、判定及处置建议进行说明。

4.2.1 电缆本体及附件温度的检测

电缆本体及附件温度的检测如表 4-8 所示。

表 4-8 电缆本体及附件温度的检测

序号	检测内容	关键点	缺陷举例
4.2.1	电缆本体及附件温度的检测	电缆本体及附件温度	1. 电缆本体温度超过限额； 2. 电缆附件温度超过限额

（一）电缆本体温度超过限额

1）缺陷名称

电缆本体温度超过限额。

2）缺陷描述

电缆本体的温度过高。

3）缺陷照片

电缆本体温度超过限额的照片如图 4-46 所示。

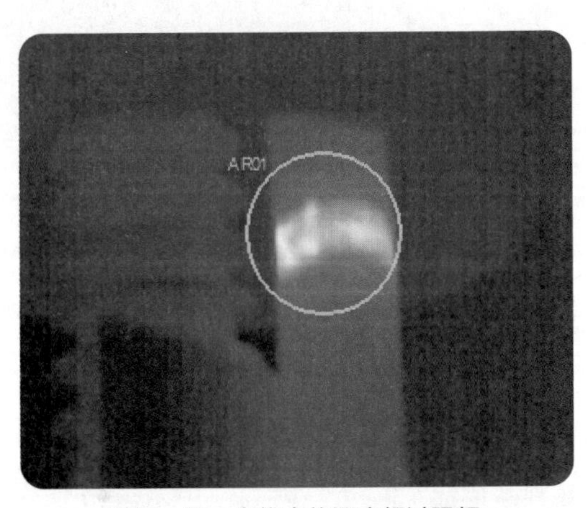

图 4-46 电缆本体温度超过限额

4）缺陷判定依据

根据交联聚乙烯绝缘材料的特性，其长期工作温度可达 90℃。

5）可能造成的危害

交联聚乙烯绝缘材料长期工作温度为 90℃，短路故障温度为 130℃，短路故障承受的极限温度为 250℃。如果运行温度长期高于 90℃，会加速绝缘材料老化，降低绝缘性能，甚者引起绝缘击穿和爆炸起火。

6）处置建议

按照紧急、重要、一般三个等级，按检修周期对发热位置的电缆本体进行检修或更换。

（二）电缆附件温度超过限额

1）缺陷名称

电缆附件温度超过限额。

2）缺陷描述

电缆中间接头或终端接头受潮、劣化或有气隙，导致以整个电缆接头为中心的地方过热；电缆接头内部可能有局部放电，导致中间接头整体或终端接头伞裙区域过热；电缆接头内部介质受潮、老化或性能异常，导致接头整体过热。

3）缺陷照片

电缆附件温度超过限额的照片如图 4-47 所示。

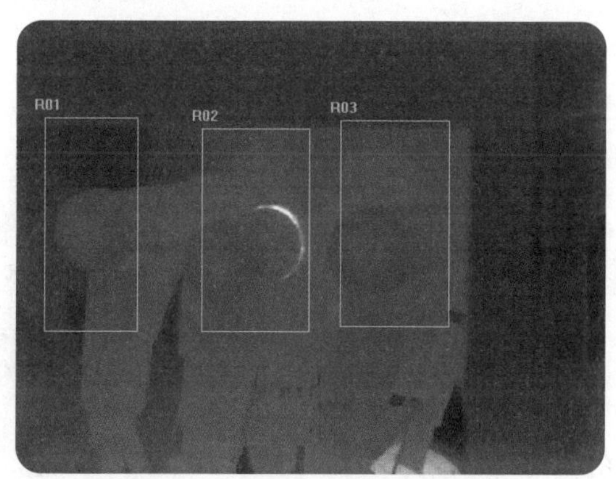

图 4-47　电缆附件温度超过限额

4）缺陷判断依据

《带电设备红外诊断应用规范》（DL/T 664—2016）附录 I（规范性附录）“电压

致热型设备缺陷诊断判据”：电缆终端温差 0.5 ～ 1K。

5）可能造成的危害

交联聚乙烯绝缘材料长期工作温度为 90℃，短路故障温度为 130℃，短路故障承受极限温度为 250℃。如果运行温度长期高于 90℃，会加速绝缘材料老化，降低绝缘性能，甚者引起绝缘击穿和爆炸起火。

6）处置建议

按照紧急、重要、一般三个等级，按检修周期对发热位置的电缆中间或终端接头进行检修或更换。

4.2.2 电缆本体及附件局部放电的检测

电缆局部放电，是指在电场作用下，绝缘系统中只有部分区域发生放电并没有形成贯通性放电通道的一种放电。产生局部放电的主要原因是当电介质不均匀时绝缘体各区域承受的电场强度不均匀，在某些区域电场强度达到击穿场强而发生放电，而其他区域仍然保持绝缘的特性。电缆本体及附件局部放电的检测如表 4-9 所示。

表 4-9 电缆本体及附件局部放电的检测

序号	检测内容	关键点	缺陷举例
4.2.2	电缆本体及附件局部放电的检测	电缆本体及附件局部放电	1. 电缆本体局部放电； 2. 电缆中间接头局部放电； 3. 电缆终端局部放电

（一）电缆本体局部放电

1）缺陷名称

电缆本体局部放电。

2）缺陷描述

电缆本体在制造过程中绝缘体混入金属杂质、出现气孔空洞，或由于内外半导体层的不规则凸起引起高压场强的不均匀，或绝缘中存在的水树、电树，在这些部位都会出现局部放电。

3）缺陷照片

电缆本体局部放电的照片如图 4-48 所示。

图 4-48 电缆本体局部放电

4）缺陷判断依据

《配电电缆线路试验规程》（Q/GDW 11838—2018）中规定新投运电缆或非新投运电缆本体局部放电检出值不大于 100pC。

5）可能造成的危害

交联聚乙烯绝缘的电缆耐局部放电的性能较差，长时间的局部放电会加速其绝缘劣化，从而出现故障。

6）处置建议

例行试验中，如果评价结论为注意状态，电缆线路应缩短检测周期，宜开展诊断性试验，对缺陷进行定位修复；如果评价结论为异常线路，应立即开展诊断性试验或停电检修，对缺陷进行定位修复，修复后按非全新电缆线路交接试验要求开展试验。

电缆本体局部放电评价结论如表 4-10 所示。

表 4-10　电缆本体局部放电评价结论

评价对象	投运年限	最高试验电压下检出局部放电量	评价结论
电缆本体	—	无可检出局部放电	正常
		＜ 100pC	注意
		≥ 100pC	异常

（二）电缆中间接头局部放电

1）缺陷名称

电缆中间接头局部放电。

2）缺陷描述

电缆中间接头因施工工艺不符合规范，引起半导电断口不整齐、应力管位置偏差、剥切损伤绝缘、金属毛刺等，或运行在潮湿、污秽、盐雾等恶劣环境中引起的局部放电。

3）缺陷照片

电缆中间接头局部放电的照片如图 4-49 所示。

图 4-49　电缆中间接头局部放电

4）缺陷判断依据

《配电电缆线路试验规程》（Q/GDW 11838—2018）中规定新投运电缆中间接头局

部放电检出值不大于 200pC，非新投运电缆中间接头局部放电检出值不大于 300pC。

5）可能造成的危害

电缆中间接头长时间局部放电，会加速其绝缘劣化，最后形成绝缘贯通通道，使其出现故障。

6）处置建议

例行试验中，如评价结论为注意状态的电缆线路，应缩短检测周期，宜开展诊断性试验，对缺陷进行定位修复；评价结论为异常的电缆线路，应立即开展诊断性试验或停电检修，对缺陷进行定位修复，修复后按非全新电缆线路交接试验要求进行试验。

电缆中间接头局部放电评价结论如表 4-11 所示。

表 4-11 电缆中间接头局部放电评价结论

评价对象	投运年限	最高试验电压下检出局部放电量	评价结论
电缆中间接头	5 年及以内	无可检出局部放电	正常
		< 300pC	注意
		≥ 300pC	异常
	5 年以上	无可检出局部放电	正常
		< 500pC	注意
		≥ 500pC	异常

（三）电缆终端局部放电

1）缺陷名称

电缆终端局部放电。

2）缺陷描述

电缆终端因施工工艺不符合规范，引起半导电断口不整齐、应力管位置偏差、剥切损伤绝缘、金属毛刺等，或运行在潮湿、污秽、盐雾等恶劣环境中引起的局部放电。

3）缺陷照片

电缆终端局部放电照片如图 4-50 所示。

图 4-50 电缆终端局部放电

4）缺陷判断依据

《配电电缆线路试验规程》（Q/GDW 11838—2018）中规定新投运电缆终端局部放电检出值不大

于 2000pC，非新投运电缆终端局部放电检出值不大于 3000pC。

5）可能造成的危害

电缆终端长时间的局部放电，会加速其绝缘劣化，最后形成绝缘贯通通道，使其发生故障。

6）处置建议

例行试验中，如果评价结论为注意状态的电缆线路，应缩短检测周期，宜开展诊断性试验，对缺陷进行定位修复；如果评价结论为异常的电缆线路，应立即开展诊断性试验或停电检修，对缺陷进行定位修复，修复后按非全新电缆线路交接试验要求开展试验。电缆终端局部放电评价结论如表 4-12 所示。

表 4-12　电缆终端局部放电评价结论

评价对象	投运年限	最高试验电压下检出局部放电量	评价结论
电缆终端	5 年及以内	无可检出局部放电	正常
		＜ 3000pC	注意
		≥ 3000pC	异常
	5 年以上	无可检出局部放电	正常
		＜ 5000pC	注意
		≥ 5000pC	异常

4.2.3　开关柜局部放电的检测

开关柜局部放电的检测如表 4-13 所示。

表 4-13　开关柜局部放电的检测

序号	检测内容	关键点	缺陷举例
4.2.3	开关柜局部放电的检测	电缆柜局部放电	1. 开关柜沿面局部放电； 2. 开关柜电晕局部放电； 3. 开关柜悬浮电位局部放电； 4. 示范案例

（一）开关柜沿面局部放电

1）缺陷名称

开关柜沿面局部放电。

2）缺陷描述

开关柜在运行的过程中，绝缘子等元器件表面沿不同聚集态电介质分界面的放电现象。

3）缺陷照片

开关柜局部放电的照片如图 4-51 所示。

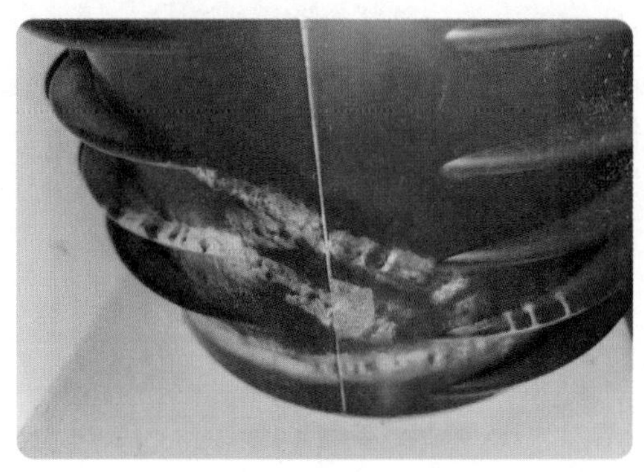

图 4-51　开关柜局部放电

4）缺陷判断依据

《输变电设备状态检修试验规程》（Q/GDW 1168—2013）和《电力设备带电检测技术规范（试行）》。

开关柜超声波定值判别依据如表 4-14 所示。

表 4-14　开关柜超声波定值判别依据

声音	宣传大小	危险等级	危险说明	策略
耳机中无局部放电声音	不考虑数值大小	正常	可以运行	按正常检测周期进行下一次检测
耳机中存在明显的局部放电声音	$P\leqslant$ 8dB	正常	可以运行	按正常检测周期进行下一次检测
	8dB $<P\leqslant$ 20dB	异常	关注	将异常（关注）的开关柜的检测周期缩短为 1 个月
	20dB $<P\leqslant$ 30dB	危险	预警	定位局部放电源所在开关柜，将异常（预警）开关柜的检测周期缩短为 1 周
	$P>$30dB		需要停电	定位局部放电源所在开关柜，立即进行检修

5）可能造成的危害

工作电压下泄漏电流大增，开关柜绝缘子等元器件表面不断延伸发生局部电弧（称为爬电），一旦达到某一临界点，将自动贯穿两极，形成沿面闪络。

6）处置建议

开关柜局部放电检测处理策略如表 4-15 所示。

表 4-15　开关柜局部放电检测处理策略

定值大小	危险说明	策略
不考虑数值大小	可以运行	按正常检测周期进行下一次检测
$P \leqslant 8$dB	可以运行	按正常检测周期进行下一次检测
8dB$<P \leqslant 20$dB	关注	对局部放电源进行精确定位，将异常（关注）的开关柜的检测周期缩短为 1 个月
20dB$<P \leqslant 30$dB	预警	对局部放电源进行精确定位，将异常（预警）开关柜的检测周期缩短为 1 周
$P>30$dB	需要停电	对局部放电源进行精确定位，立即进行检修

（二）开关柜电晕局部放电

1）缺陷名称

开关柜电晕局部放电。

2）缺陷描述

在气体包围的高压导体周围通常会出现电晕放电，这些高压电气设备的高压接线端子暴露在空气中，因此发生电晕放电的概率相对较大。电晕放电体现出极不均匀电场的特征，也是极不均匀电场下特有的自持放电形式。很多外界因素均会对电晕起始电压产生影响，比如电极的形状、外加电压、气体密度、极间距离以及空气的湿度与流动速度等。

3）缺陷照片

开关柜电晕局部放电的照片如图 4-52 所示。

图 4-52　开关柜电晕局部放电

4）缺陷判断依据

《输变电设备状态检修试验规程》（Q/GDW 1168—2013）和《电力设备带电检测技术规范（试行）》。判断依据可参考表 4-14。

5）可能造成的危害

电晕放电伴随着游离、复合、激励和反激励等过程而有声、光、热等效应，表现为发出“嘶嘶”的声音，发出蓝色的晕光，以及周围空气温度升高；电晕放电会产生高频脉冲电流，其中还包含许多高次谐波，对无线电通信造成干扰；电晕放电还使空气发生化学反应，生成臭氧、氮氧化物等产物。

6）处置建议

处置建议可参考表 4-15。

（三）开关柜悬浮电位局部放电

1）缺陷名称

开关柜悬浮电位局部放电。

2）缺陷描述

这种局部放电的形式是指高压设备中某个导体部件存在结构设计缺陷，或者其他原因导致接触不良，导致该部件位于高压电极与低压电极之间，并根据其位置的阻抗比获得分压，发生放电，该导体部件对地电位被称为悬浮电位。

3）缺陷照片

开关柜悬浮电位局部放电的照片如图 4-53 所示。

图 4-53　开关柜悬浮电位局部放电

4）缺陷判断依据

缺陷判断依据可参考表 4-14。

5）可能造成的危害

导体具有悬浮电位时，通常其附近的场强会比较大，会破坏四周的绝缘介质，一般电气设备内部高电位金属部件容易发生悬浮电位放电。

6）处置建议和示范案例

处置建议可参考表 4-15。

（四）示范案例

1）异常概况

2018 年 9 月 19 日，江苏省苏州供电公司技术人员利用 UltraTEV Plus 多功能局部放电检测仪及 EC4000P 手持式局部放电检测仪对苏州越湖名邸三期 #1 开闭所内的环网柜进行带电局部放电检测。检测当天天气多云，现场环境温度为 30℃，湿度为 56%，检测方式为暂态地电压检测、超声波检测、特高频检测三种方式。

首先对开关柜进行超声波检测，发现 175 环网柜前面中部、后面中部及后面下部超声存在异常信号，通过仪器能听到明显的放电声，存在表面放电。随后进行暂态地电压检测和特高频检测，所测开关柜暂态地电压值均在正常范围内，特高频信号检测未发现异常。

2）检测对象及项目

（1）检测对象（见表 4-16）

表 4-16　检测对象

检测对象	被测设备基本信息	
10kV 环网柜	型号:	PN-12
	出厂日期:	2014.6
	生产厂家:	上海通用电气广电有限公司

（2）检测项目（见表 4-17）

表 4-17　检测项目

检测项目	项目内容
暂态地电压（TEV）局部放电检测	分别采集环境背景和需要检测开关柜的暂态地电压信号，通过幅值以及脉冲数确定局部放电源的存在及严重度，并通过时间差进行局部放电源位置的定位

续表

检测项目	项目内容
超声波（AA）局部放电检测	分别采集环境背景超声波信息和需要检测开关柜超声波信号，通过声音判别和阈值判别确定局部放电源
特高频（UHF）局部放电检测	分别采集环境背景和需要检测气室的特高频信号，通过 PRPS 和 PRPD 特征图谱对比，排除外界干扰，然后利用局部放电特征典型图谱进行判断

3）检测仪器

检测仪器如表 4-18 所示。

表 4-18　检测仪器

仪器名称 / 型号	自检
UltraTEV Plus 多功能局部放电检测仪	合格
EC4000P 手持式局部放电检测仪	合格

4）检测数据

具体检测数据如表 4-19 ～表 4-21 所示。

表 4-19　暂态地电压检测数据

环境背景值	空气（dBmV）	1		测试位置		灭火器箱：5			
	金属（dBmV）	5		测试位置		接地排：5			
环网柜编号	前中（dBmV）	前下（dBmV）	后上（dBmV）	后中（dBmV）	后下（dBmV）	侧上（dBmV）	侧中（dBmV）	侧下（dBmV）	负荷（A）	备注
175	6	8	7	6	7	—	—	—	—	

表 4-20　超声波检测数据

环境背景值	空气（dBμV）	-6		测试位置						
开关柜编号	前中（dBμV）	前下（dBμV）	后上（dBμV）	后中（dBμV）	后下（dBμV）	侧上（dBμV）	侧中（dBμV）	侧下（dBμV）	负荷（A）	备注
175	10	-6	-6	16	27	—	—	—	—	

表 4-21 特高频检测数据

开关柜编号	检测位置	图谱文件		备注
		PRPS	PRPD	
背景	空气	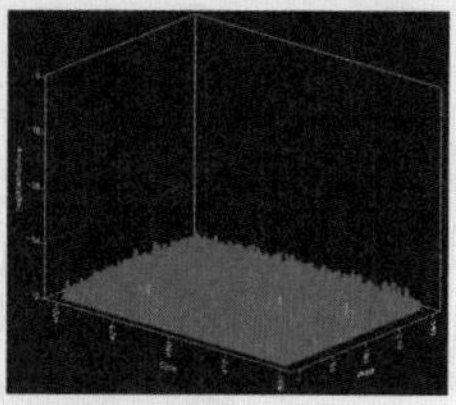	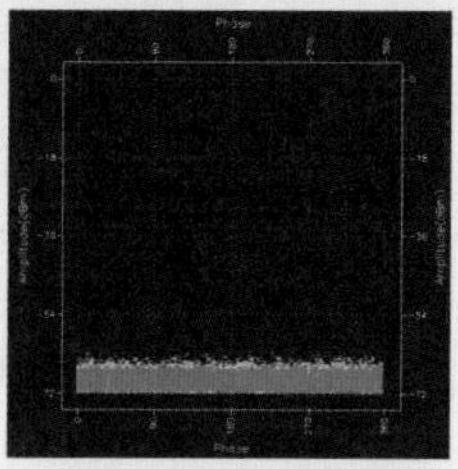	
175	前面中部缝隙	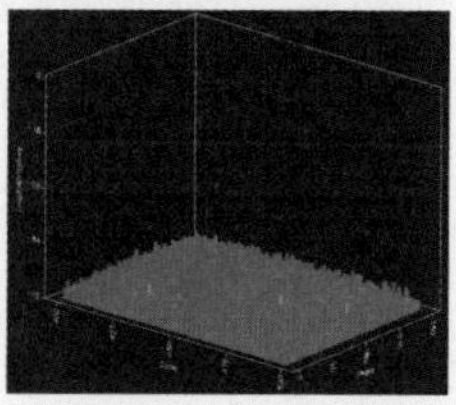	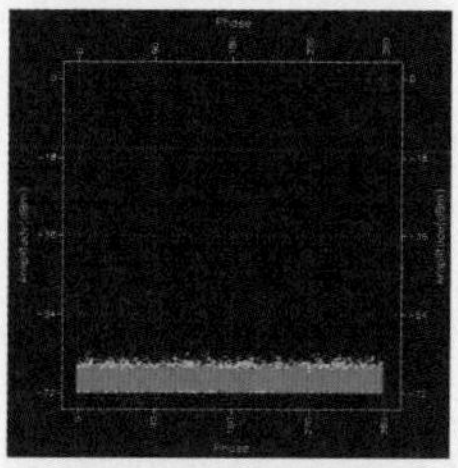	
	前面下部缝隙	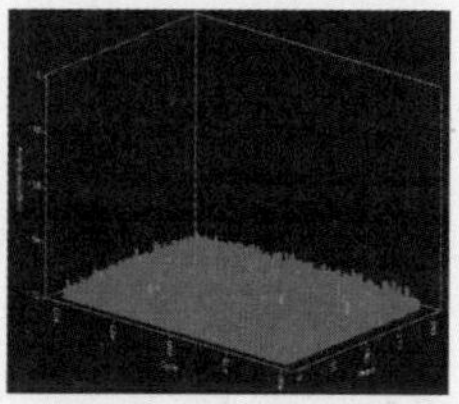	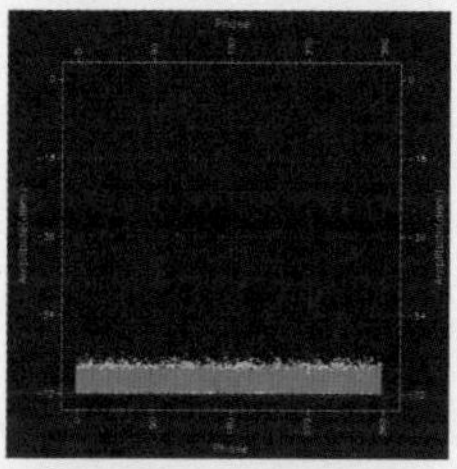	
	后面上部缝隙	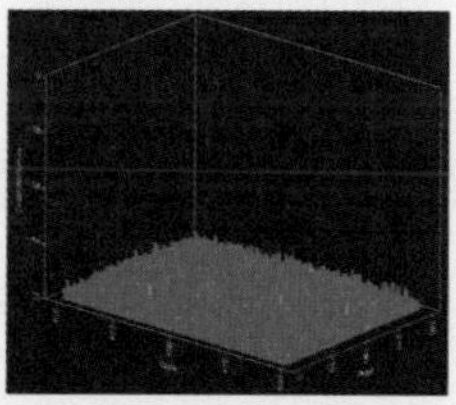	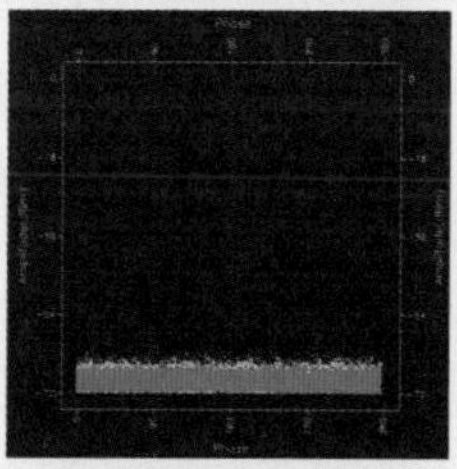	
	后面中部缝隙	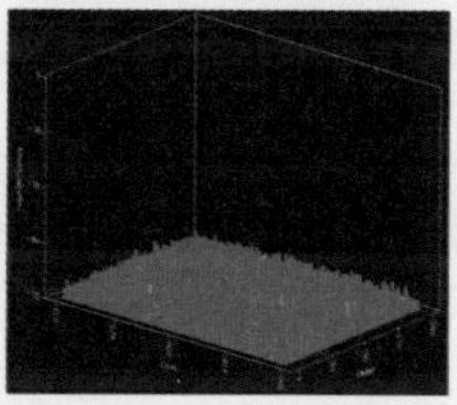	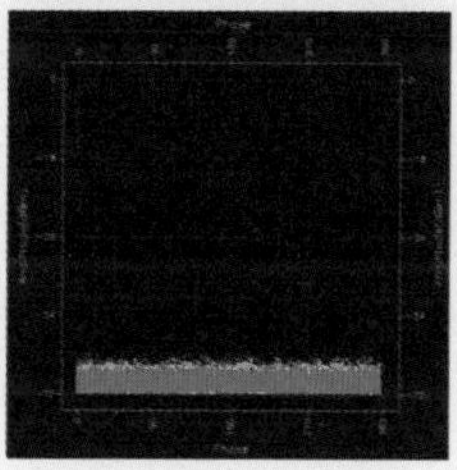	

续表

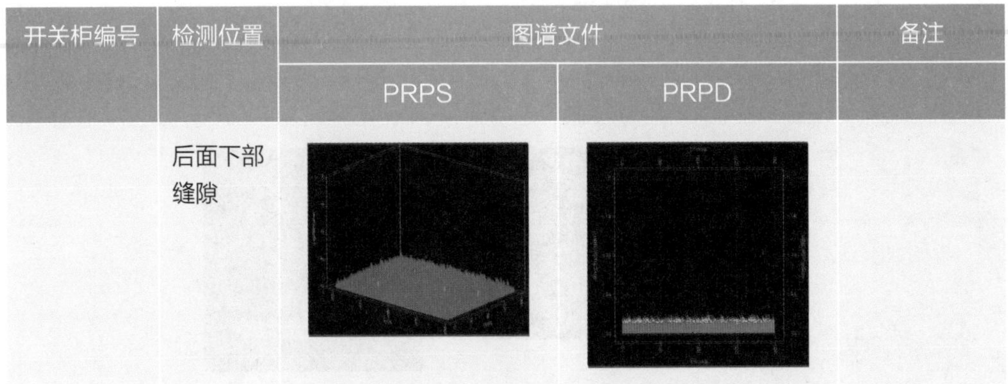

开关柜编号	检测位置	图谱文件		备注
		PRPS	PRPD	
	后面下部缝隙			

5）综合分析

暂态地电压检测：所测环网柜 TEV 值均在正常范围内，TEV 检测正常；特高频检测：开关柜上的 PRPS 和 PRPD 特征图谱无相位聚集效应，特高频检测未发现异常；超声波检测：175 柜前面中部超声波幅值为 10dBμV，后面中部为 16dBμV，后面下部为 27dBμV，通过仪器能听到明显的放电声，存在表面放电。

4.3 在线监测发现的缺陷和隐患

在线监测是电缆运维管理中发现隐患的新手段之一。通过在线监测，能够实时掌握日常巡视中难以发现的缺陷和隐患。本节主要收录了电缆本体及附件的在线监测、电缆通道的在线监测中发现的典型缺陷，并对缺陷描述、判定及处置建议进行说明。

4.3.1 电缆本体及附件的在线监测

电缆本体及附件的在线监测如表 4-22 所示。

表 4-22 电缆本体及附件的在线监测

序号	监测内容	关键点	缺陷举例
4.3.1	电缆本体及附件	温度、局部放电、暂态录波	1. 电缆表面温度升高； 2. 电缆局部放电数据超标； 3. 电缆电压、电流监测数据异常

（一）电缆表面温度监测

1）缺陷名称

电缆表面温度升高。

2）缺陷描述

通过分布式光纤温度传感器等手段对电缆表面进行不间断测温，发现电缆本体及附件的温度升高。

3）缺陷照片

电缆表面温度升高的照片如图 4-54 所示。

现场监测实况

电缆温度实时监测

图 4-54 电缆表面温度升高

4）缺陷判定依据

《电力电缆线路运行规程》（D/LT 1253—2013）规定交联聚乙烯电缆在额定负荷时最高允许运行温度为 90℃，短路时最高允许运行温度为 250℃。

5）可能造成的危害

当载流量偏大时，会造成缆芯工作温度升高，当温度超过容许值时，电缆的绝缘寿命会缩短，如交联聚乙烯电缆在载流量偏大 6.5% 时，工作温度超过容许值 8% 时，电缆寿命就会减少一半。同时，电缆中间接头存在局部放电等内部缺陷时，电缆中间接头处温度会升高，时间一长，绝缘逐步老化，最终发展成永久性故障。

6）处置建议及示范案例

加装各类测温传感设备，长时间监测电缆本体及附件温度，对比历史同期的数据偏离情况，以及同时间电缆及其附件的温度偏差情况，辅助判断接头潜伏性缺陷故障，制订检修计划，提高电缆运行安全性。电缆温度综合监测的照片如图 4-55 所示。

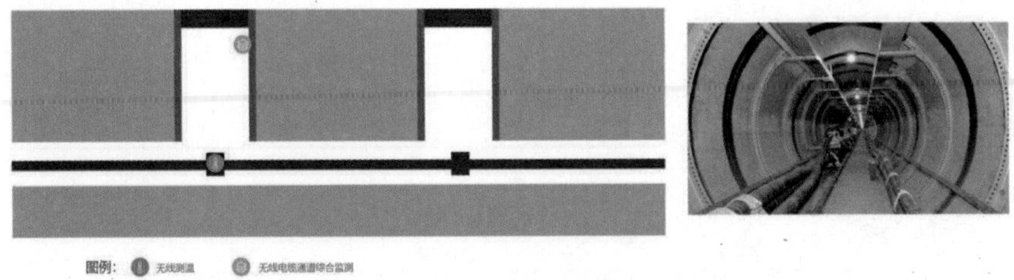

图 4-55　电缆温度综合监测

（二）电缆局部放电监测

1）缺陷名称

电缆局部放电数据超标。

2）缺陷描述

通过安装的 HFCT 等传感器，采集电缆局部放电信号，电缆本体局部放电不应超过 100pC，中间接头局部放电不应超过 300pC，电缆终端头局部放电不应超过 3000pC。

3）缺陷照片

电缆局部放电数据超标的照片如图 4-56 所示。

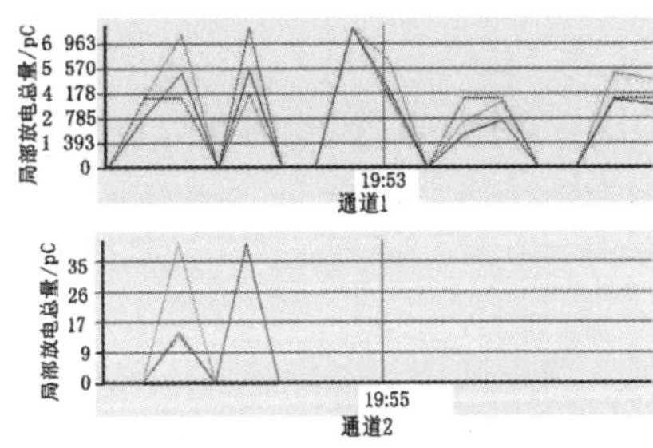

在线局部放电图形

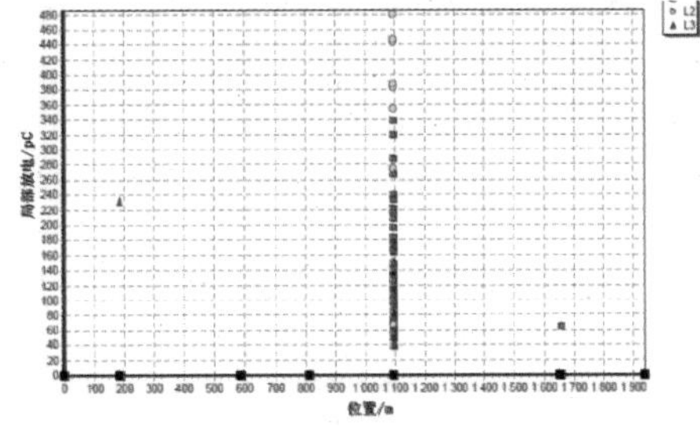

振荡波复测局部放电点定位

图 4-56　电缆局部放电数据超标

4）缺陷判定依据

《配电电缆线路试验规程》（Q/GDW 11838—2018）。

非新投运电缆：

- 本体局部放电检出值不大于 100pC；
- 接头局部放电检出值不大于 300pC；
- 终端局部放电检出值不大于 3000pC。

5）可能造成的危害

电缆局部放电超标，表明电缆绝缘存在缺陷，时间一长，电缆绝缘薄弱点逐步老化，严重时会造成电缆击穿事故。

6）处置建议

建议对发现局部放电的电缆段进行停电复测，使用震荡波局部放电或者超低频局部放电的方式对电缆进行综合评估，对发现问题的电缆附件或本体进行更换。

（三）电缆暂态录波监测

1）缺陷名称

电缆电压、电流监测数据异常。

2）缺陷描述

对线路电流、电压（可选）、谐波、三相不平衡和温度（可选）等信息进行实时监测时，实时监测的数据超过阈值，形成报警信息。

3）缺陷照片

电缆电压、电流监测数据异常的照片如图 4-57 所示。

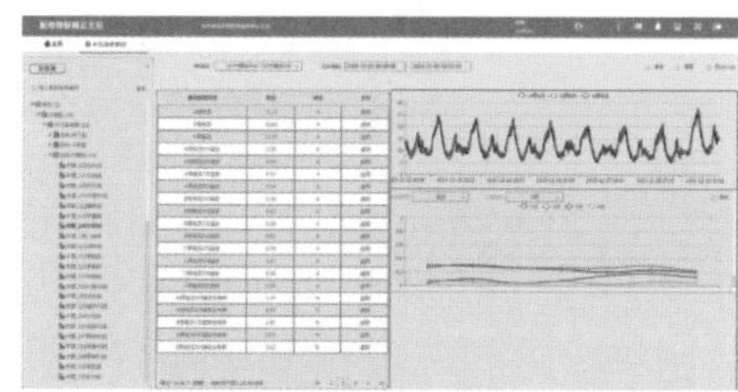

日常波形记录

2020-03-19 13:01	B相接地	STUDY MX2段-125线1#杆之后
2020-03-19 13:02	B相多次瞬时接地	STUDY MX2段-125线1#杆之后
2020-03-19 13:08	B相接地	STUDY MX2段-125线1#杆之后
2020-03-19 13:13	B相接地	STUDY MX2段-125线1#杆之后
2020-03-19 13:15	B相接地	STUDY MX2段-125线1#杆之后
2020-03-19 13:17	B相接地	STUDY MX2段-125线1#杆之后
2020-03-19 13:21	B相接地	STUDY MX2段-125线1#杆之后
2020-03-19 13:21	B相接地	STUDY MX2段-125线1#杆之后
2020-03-19 13:34	B相多次瞬时接地	STUDY MX2段-125线1#杆之后

线路瞬时故障推送

图 4-57　电缆电压、电流监测数据异常

4）缺陷判定依据

（1）永久性接地故障：接地持续时间超过 35s 以上定义为永久性接地故障，否则为瞬时性接地故障。系统默认配置为：永久性接地故障发送报警信息，瞬时性接地故障不发送报警信息。

（2）绝缘缺陷：若同一区段多次发生同一相别的扰动，满足设定阈值（默认：20 分钟内 3 次）则视为存在“绝缘缺陷”，给出预警信息。

（3）零序过流：零流 I 段：600A，40ms；零流 II 段：200A，140ms。

5）可能造成的危害

电缆线路经历长期、多次瞬时性接地后，会造成隐患，最终导致绝缘薄弱后击穿，引发电缆故障。

6）处置建议及示范案例

通过在主干线与分支线交界处、长分支线每隔一定区段和用户线入口位置加装智能故障监测装置，实现故障监测，通过站所各段母线零序电压、各回进出线负荷电流及零序电流等底层信息流汇入边缘计算单元，通过配电电缆瞬时性接地故障研判，对故障特征进行提取、辨识，并开展主动运检。电缆线路的状态感知框架如图4-58所示。

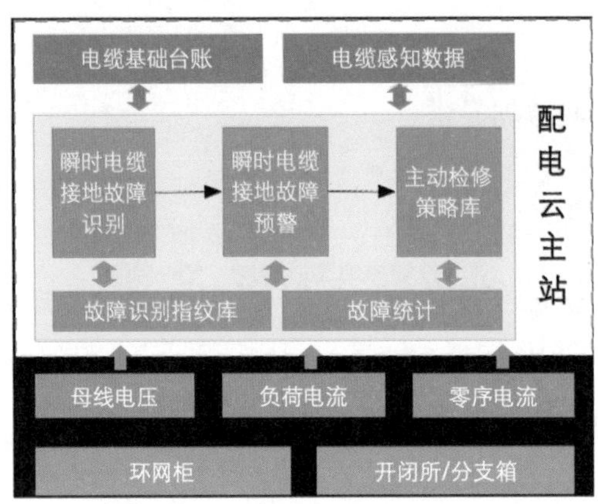

图4-58　电缆线路的状态感知框架

4.3.2　电缆通道的在线监测

电缆通道的在线监测如表4-23所示。

表4-23　电缆通道的在线监测

序号	监测内容	关键点	缺陷举例
4.3.2	电缆通道	井盖、水位、气体、火情、外力破坏等	1. 电缆工井盖板不正常开启； 2. 电缆通道内积水过多； 3. 电缆检修井内存在可燃气体等有害气体； 4. 电缆通道内发生火情； 5. 在电缆保护区内有危及电缆设施安全的施工

（一）电缆工井盖移位监测

1）缺陷名称

电缆工井盖板不正常开启。

2）缺陷描述

电缆井盖在日常运行过程中，出现非正常开启，引起电缆井盖开启后未复位或缺失。

3）缺陷照片

电缆工井盖板不正常开启的照片如图 4-59 所示。

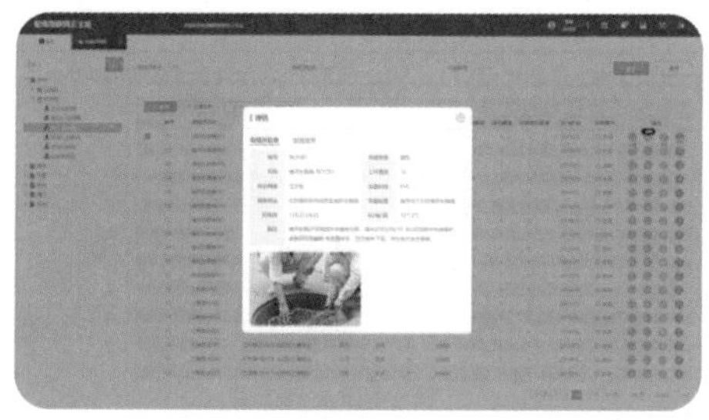

电缆工井移位告警

现场井盖移位

图 4-59　电缆工井盖板不正常开启

4）缺陷判定依据

《配电网设备缺陷分类标准》（Q/GDW 745—2012）第 4.11.5.1 节：

a）危急缺陷：井盖缺失。

b）严重缺陷：井盖不平整、有破损，缝隙过大。

5）可能造成的危害

电缆盖板位置移动或者缺失，会使电缆设备失去应有保护，容易造成电缆破损、电缆被盗窃等情况；同时，盖板的缺失、位置移动也容易影响过往行人、车辆的安全。

6）处置建议及示范案例

通过在电缆工井口内壁上安装移位传感器，实现对电缆工井盖板是否被非法打开、通道是否有人非法入侵等情况自动监测。当非检修作业等异常情况下井盖的开启将视为非法入侵，将推送相关的告警信息，从而有效防止电缆设备及井盖被偷盗。电缆工井口内壁上安装移位传感器的照片如图 4-60 所示。

信息采集单元

移位传感器

图 4-60　电缆工井口内壁上安装移位传感器

（二）电缆检修井内水位监测

1）缺陷名称

电缆通道内积水水位过高。

2）缺陷描述

电缆通道内因防水缺陷、雨水倒灌等情况，电缆通道内出现水位长期高于正常高度的现象，导致电缆本体及附件浸水。

3）缺陷照片

电缆通道内积水水位过高的照片如图 4-61 所示。

图 4-61　电缆通道内积水水位过高

4）缺陷判定依据

《配电网设备缺陷分类标准》（Q/GDW 745—2012）第 4.11.3 节：

b）严重缺陷：被污水浸泡、杂物堆压，水深超过 1m；

c）一般缺陷：被污水浸泡、杂物堆压，水深不超过 1m。

《配电网设备缺陷分类标准》（Q/GDW 745—2012）第 4.11.5.1 节：

b）严重缺陷：井内积水浸泡电缆或有杂物影响设备安全；

c）一般缺陷：井内积水浸泡电缆或有杂物。

5）可能造成的危害

电缆工井内水位超过中间接头 50% 或电缆本体浸水，且未采取阻水手段，如果电缆在潮湿环境下长期运行，存在电缆线路进水受潮及产生水树、电树现象的风险，对电缆线路的运行可靠性带来了严重威胁。

6）处置建议

根据现场情况，在集水井中加装水浸（位）传感器，实时监测电缆工井内积水情况，当水位达到或超过警戒值时，系统报警。部分具备施工条件的线路可加装水泵，实现设备联动控制。

（三）电缆检修井内有害气体监测

1）缺陷名称

电缆检修井内存在可燃气体等有害气体。

2）缺陷描述

电缆检修井内因日常运行使有害气体、可燃气体和可燃粉末进入，存在一定的安全隐患。

3）缺陷照片

电缆检修井内存在可燃气体等有害气体的照片如图 4-62 所示。

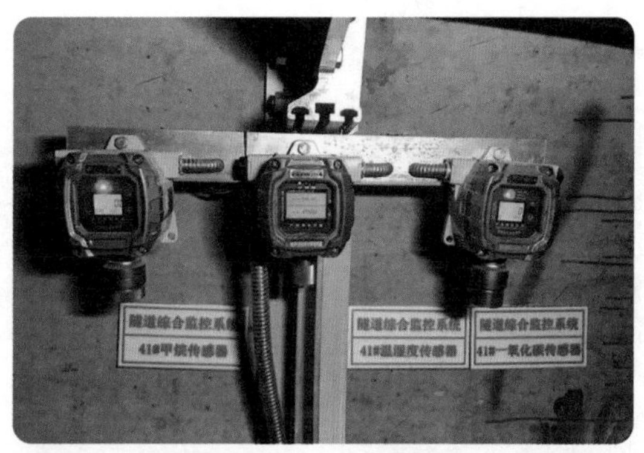

图 4-62　电缆检修井内存在可燃气体等有害气体

4）缺陷判定依据

《配电网设备缺陷分类标准》（Q/GDW 745—2012）第 4.11.5.1 节："a）危急缺陷：井内有可燃气体。"

5）可能造成的危害

如果电缆工井内存在可燃气体，当电缆发生接地、相间短路等放电故障时，会与电缆工井内的可燃气体发生化学反应，引发火灾甚至爆炸；当电缆工井内氧气含量过低、一氧化碳等有害气体含量过高时，如果有人员下井作业，易发生人员中毒等伤亡事件。

6）处置建议及示范案例

在电缆工井安装气体传感器实时监测井内一氧化碳、可燃气体、氧气、硫化氢等气体浓度，当检测值达到设定值时，系统自动报警，提示配电运维人员。配电运维人员根据报警信息，及时对井内情况进行处置，通过通风排气等手段，避免火灾、中毒等事故的发生，保障电力运行及下井作业人员的安全。

（四）电缆通道内火情监测

1）缺陷名称

电缆通道内出现火情。

2）缺陷描述

电缆通道内因可燃气体、易燃物等，引发电缆工井中电缆线路火情，存在安全隐患。

3）缺陷照片

电缆通道内出现火情的照片如图 4-63 所示。

电缆工井管线燃烧

电缆工井内起火冒烟

图 4-63　电缆通道内出现火情

4）缺陷判定依据

《电力电缆及通道运维规程》（Q/GDW 1512—2014）第 8.1.2 节：电缆及通道应做好电缆及通道的防火、防水和防外力破坏。

5）可能造成的危害

电缆通道内温度升高甚至起火将对通道内电力设施造成严重的损害，严重时将造成大范围线路停运。

6）处置建议及示范案例

在电缆工井壁处安装环境温、湿度传感器，实时监测境内温度及湿度，为设备状态评估、火灾监测等提供基础监测数据，同时当温、湿度信息发生异常时，推送告警信息。配电运维人员应根据报警信息，及时对异常电缆工井进行巡视消缺，确保电缆工井内不存在火情隐患。

（五）电缆通道防外破监测

1）缺陷名称

在电缆保护区内有危及电缆设施安全的施工。

2）缺陷描述

通过在电缆保护区周围设置远程视频监控、震动报警等在线监测设备，对电缆保护区域内的施工进行实时监控，对通道两侧 0.75 米内的施工及通道两侧 2 米内的机械施工进行报警。

3）缺陷照片

在电缆保护区内有危及电缆设施安全的施工的照片如图 4-64 所示。

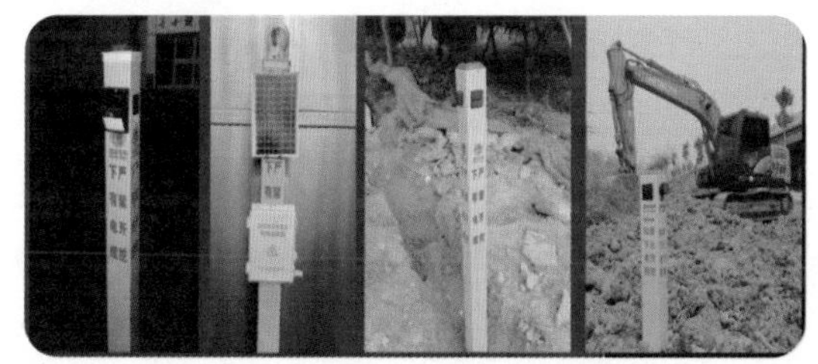

震动移位监测　　　　远程视频监测

图 4-64　在电缆保护区内有危及电缆设施安全的施工

4）缺陷判定依据

《配电网设备缺陷分类标准》（Q/GDW 745—2012）第 4.11.5.7 节：

a）危急缺陷：施工危及线路安全；

b）严重缺陷：施工影响线路安全。

5）可能造成的危害

施工人员擅自进入电力保护区域内进行施工，极易造成保护区域内电缆通道破损，严重时甚至会发生电缆外力破坏事件，造成线路停运及人员伤亡。

6）处置建议

利用视频防外破技术或光纤防外破技术，建立防外破信息系统，通过远程监测手段实现施工工地无人值守、减少运维人员特查频次、外力破坏隐患实时预警等功能，实现外力防控自动化。

附 录

附录 A 电缆持续允许载流量的环境温度

电缆持续允许载流量的环境温度应按使用地区的多年气象温度平均值确定，并应符合表 A-1 的规定。

表 A-1 电缆持续允许载流量的环境温度

敷设方式		环境温度选取原则
地下	直埋	埋深处当地的最热月平均地温
	保护管	埋深处当地的最热月平均地温
空气	隧道（有通风）	通风设计温度
	隧道（无通风）或电缆沟	最热月的日最高温度平均值另加 5℃
	架空（有日照）	最热月的日最高温度平均值
水中	水下敷设	最热月的日最高水温平均值

附录 B 电缆与电缆、管道、道路、构筑物等之间允许的最小距离

电缆与电缆、管道、道路、构筑物等之间允许的最小距离如表 B-1 所示。

表 B-1 电缆与电缆、管道、道路、构筑物等之间允许的最小距离（m）

电缆直埋敷设时的配置情况		平行	交叉
控制电缆之间		—	0.5①
电力电缆之间或与控制电缆之间	10kV 及以下电力电缆	0.1	0.5①
	10kV 及以上电力电缆	0.25②	0.5①
不同部门使用的电缆		0.5②	0.5①
电缆与底线管沟	热力管沟	2.0③	0.5①
	油管或易（可）燃气管道	1.0	0.5①
	其他管道	0.5	0.5①

续表

电缆直埋敷设时的配置情况		平行	交叉
电缆与铁路	非直流电气化铁路路轨	3.0	1.0
	直流电气化铁路路轨	10	1.0
电缆与建筑物基础		0.6③	—
电缆与道路边		1.0③	—
电缆与排水沟		1.0③	—
电缆与树木的主干		0.7	—
电缆与 lkV 及以下架空线电杆		1.0③	—
电缆与 lkV 以上架空线杆塔基础		4.0③	—

注：①用隔板分隔或电缆穿管时不得小于 0.25m;
②用隔板分隔或电缆穿管时不得小于 0.1m;
③特殊情况下，减少值不得大于 50%。

附录 C 电缆工程电气施工图主要内容

电缆工程电气施工图应满足《城市电力电缆线路施工图设计文件内容深度规定》（DL/T 5514—2016）、《输变电工程施工图设计内容深度规定 第 2 部分：电力电缆线路》（Q/GDW 10381.2—2016）的有关要求，通常包含以下内容：

（1）电缆电气施工图设计说明书；

（2）主要设备清册（电气部分）；

（3）电缆线路路径图；

（4）电缆金属护层接地方式图；

（5）电缆工井间距布置图；

（6）电缆接头布置图；

（7）电缆终端塔（杆）电气平面布置图；

（8）电缆终端站电缆进出线间隔断面图；

（9）电缆终端站接地系统布置图；

（10）电缆登塔（杆）布置图；

（11）变电站站内电缆走向布置图；

（12）变电站电缆层（电缆工井）电缆布置图；

（13）变电站间隔设备平、剖面图；

（14）电缆（蛇形）敷设图；

（15）电缆工井内电缆布置图；

（16）电缆夹具图；

（17）电缆防火槽盒图；

（18）在线监测系统图和安装图。

附录D　电缆工程土建施工图主要内容

电缆工程土建施工图应满足《城市电力电缆线路施工图设计文件内容深度规定》（DL/T 5514—2016）、《输变电工程施工图设计内容深度规定　第2部分：电力电缆线路》（Q/GDW 10381.2—2016）的有关要求，通常包含以下内容：

（1）电缆土建施工图设计说明书；

（2）电缆构筑物平面布置图；

（3）电缆构筑物纵断面布置图；

（4）电缆构筑物横断面图；

（5）结构配筋图；

（6）节点大样图；

（7）电缆支架加工安装图；

（8）终端支架加工安装图；

（9）终端支架基础图；

（10）接地装置图；

（11）各种井盖、盖板、支架、挂钩、挂梯及预埋件等安装图、加工图；

（12）附属设施施工图。

附录E 电缆工程竣工资料

电缆工程竣工相关资料主要包括以下内容：

（1）完整的设计资料，包括初步设计、施工图及设计变更文件、设计审查文件、竣工图等。

（2）城市规划部门批准文件，包括建设规划许可证、规划部门对于电缆及通道路径的批复文件、施工许可证等。

（3）电缆及通道沿线施工与有关单位签署的各种协议文件。

（4）工程施工监理文件、质量文件及各种施工原始记录。

（5）隐蔽工程中间验收记录及签证书。

（6）施工缺陷处理记录及附图。

（7）电缆敷设施工记录，应包括电缆敷设日期、天气状况、电缆检查记录、电缆生产厂家、电缆盘号、电缆敷设总长度及分段长度、施工单位、施工负责人等。

（8）电缆附件安装工艺说明书、装配总图和安装记录。

（9）电缆原始记录：长度、截面积、电压、型号、安装日期、电缆及附件生产厂家、设备参数，电缆及电缆附件的型号、编号、各种合格证书、出厂试验报告、结构尺寸、图纸等。

（10）电缆交接试验记录。

（11）单芯电缆接地系统安装记录、安装位置图及接线图。

（12）有油压的电缆应有供油系统压力分布图和油压整定值等资料，并有警示信号接线图。

（13）电缆设备开箱进库验收单及附件装箱单。

（14）一次系统接线图和电缆及通道地理信息图。

（15）非开挖定向钻拖拉管竣工图应提供三维坐标测量图，包括两端电缆工井的绝对标高、断面图、定向孔数量、平面位置、走向、埋深、高程、规格、材质和管束范围等信息。